电子技术专业系列

"十二五"职业教育国家规划教材
经全国职业教育教材审定委员会审定

单片机原理及实训教程

（第2版）

主　编　王　彦　熊旻燕　吴　蕾

副主编　朱志伟

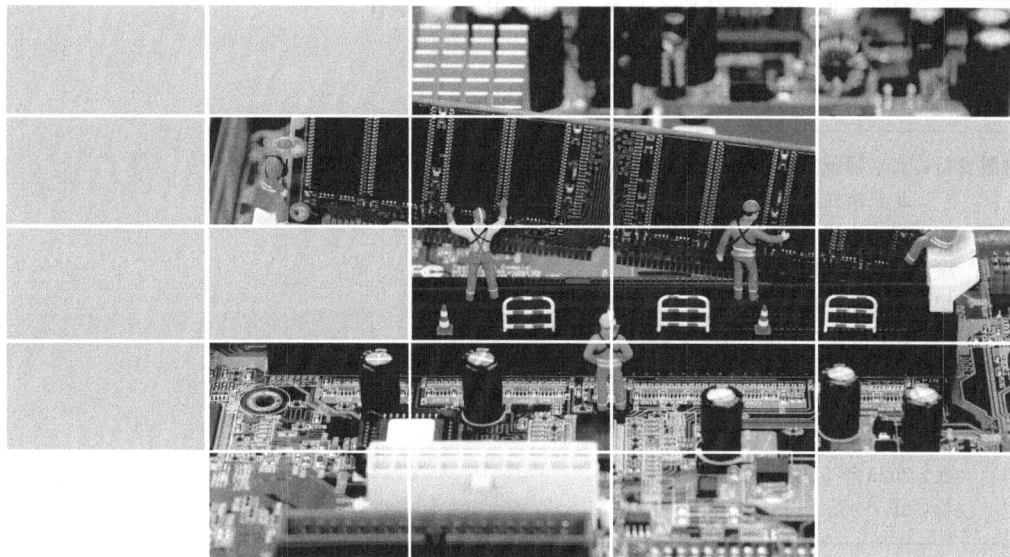

北京师范大学出版集团
BEIJING NORMAL UNIVERSITY PUBLISHING GROUP
北京师范大学出版社

图书在版编目(CIP)数据

单片机原理及实训教程 / 王彦,熊旻燕,吴蕾主编. —2 版.
—北京:北京师范大学出版社,2025.5
ISBN 978-7-303-29628-6

Ⅰ.①单… Ⅱ.①王… ②熊… ③吴… Ⅲ.①单片微型计
算机-高等职业教育-教材 Ⅳ.①TP368.1

中国国家版本馆 CIP 数据核字(2023)第 237084 号

出版发行:北京师范大学出版社 https://www.bnupg.com
　　　　　北京市西城区新街口外大街 12-3 号
　　　　　邮政编码:100088
印　　刷:北京天泽润科贸有限公司
经　　销:全国新华书店
开　　本:787 mm×1092 mm　1/16
印　　张:13.75
字　　数:330 千字
版　　次:2025 年 5 月第 1 版
印　　次:2025 年 5 月第 1 次印刷
定　　价:35.00 元

策划编辑:周光明　　　　　　　责任编辑:周光明
美术编辑:焦　丽　　　　　　　装帧设计:焦　丽
责任校对:陈　民　　　　　　　责任印制:赵　龙

前 言

当前，单片机及嵌入式系统技术飞速发展。作为一门应用性极强的技术，单片机技术已经深入到机电一体化、智能仪器仪表、工业测控及家用电器等多个领域。企业中迫切需要大量熟练掌握单片机技术，并能开发、应用和维护管理这些智能化产品的高级工程技术人才。为了适应市场对这类人才的需求以及高职高专类教材改革的需要，我们特地编写了这本通用的《单片机原理及实训教程》。

由于单片机应用领域广阔，产品型号众多，加之内容上既涉及硬件电路，又涉及软件编程，给学习者带来了一定的难度。本教材是根据教育部对高职高专人才的培养目标以及对单片机教学的基本要求，本着"实用、够用"的原则，结合目前单片机的广泛应用和新技术飞速发展编写的，既讲解理论知识，同时也注重实践能力的培养。

本教材是针对 MCS-51 单片机，基于 C 语言编程介绍单片机原理及应用的教材。为了让学生熟知单片机原理并掌握单片机开发应用，本教材内容编排力求实用、深入浅出，并按照由易到难、由简单到复杂序化教学内容，符合认知规律及职业成长规律。教材中，在讲授知识、技能的同时，均通过具体任务驱动贯穿知识、技能的学习与培养，强调学中做、做中学、好教好学。本教材努力做到不仅详述如何进行操作和设计，而且分析为什么这样做，以便读者深刻理解并快速掌握相关内容。通过项目描述、学习目标，使教学目标更加明确；通过相关知识的引导，培养学生自主探究的学习能力，相关知识部分主要是相关理论知识、操作技能、案例分析等讲解，在教师引导下，学生带着问题主动探求学习，可以增强自主学习的能力；通过项目实施，培养学生的工程实践能力和探究学习能力，打造互动式的教学环境，提高学生的学习兴趣和学习效果。

教材内容包含了单片机的基本知识、MCS-51 单片机结构、C51 高级语言、系统常用部件、编译调试环境及典型应用系统案例。项目 1～项目 5，让读者在实践过程中掌握 51 单片机的结构原理及单片机 C 语言程序设计方法；项目 6～项目 7，让读者在实践中掌握单片机的接口技术，以及单片机外围电路设计与制作方法；项目 8～项目 10，按照工程实践的要求，综合训练单片机应用系统

设计与制作的工程实践能力。在项目设计中将 MCS-51 的知识与技能点巧妙地融合，做到学以致用。对于系统设计中遇到的一些重要概念和基本方法，书中以图文并茂方式加以说明。C 语言开发具有速度快，代码可重复使用，程序结构清晰，易懂、易维护，在不同的单片机编程中移植性强等优点，特别适用于开发一些比较大型的项目。本教材给出的案例程序方便读者在单片机实际系统开发应用中移植。教材选取的教学案例既相互独立，又呈递进关系，通过层层递进、环环相扣，最后完成单片机应用系统设计。通过案例程序及综合项目实施，读者可以开拓思路、参考用途，模仿案例完成相关单片机应用系统的设计，还可以直接将案例程序应用在相同开发系统上。

本教材适用于已经学习过模拟电子技术、数字电子技术、C 语言基础的学生学习。作为教材的学习，大约需要 90 学时。其中，项目 1 需 8 学时，项目 2 需 10 学时，项目 3 需 6 学时，项目 4 需 6 学时，项目 5 需 8 学时，项目 6 需 10 学时，项目 7 需 6 学时，项目 8 需 12 学时，项目 9 需 12 学时，项目 10 需 12 学时。(参见附录 1"单片机原理及应用"课程标准)

本教材的编写人员都是长期从事单片机教学与科研的教师及工程技术人员，具有丰富的教学和实践经验。本教材的特点是深入浅出，阐述透彻、清晰，可读性和实用性较强，特别适合高职高专学生使用，中专及普通高校学生也可根据学时选择使用，还可供有关工程技术人员自学和参考。学习本教材，可为教师、学生和从业人员较全面地掌握单片机的基础知识及其在各个领域的应用打下坚实基础。

本教材由武汉铁路职业技术学院王彦、熊旻燕、吴蕾担任主编，朱志伟担任副主编。其中王彦负责全书的编写结构、内容设计及项目 1、项目 2 的编写；朱志伟负责全书的统稿工作并编写了项目 3、项目 4 和项目 5；熊旻燕负责编写项目 6、项目 7 和项目 8，并完成本教材各项目 C 语言程序的编译、调试工作；吴蕾负责编写项目 9 和项目 10，并完成课程相关电子资源的制作整理工作。另外，武汉冠龙远大科技有限公司的周棣参与了本教材编写大纲的讨论，并结合应用实际对教材项目的选择及编写给予了建议。

由于编者水平有限，书中难免存在错误和疏漏，恳请读者指正。

编　者

目 录

项目 1　单片机最小系统

📖 项目描述 ────────────────────────────────●

单片机最小系统是单片机能够正常工作的最低条件。51 系列单片机不仅是国内用得最多的单片机之一，同时也是最适合初学者入门学习的一款单片机。本项目要求使用合适的器件和工具，完成 8051 单片机小系统制作。

📖 学习目标 ────────────────────────────────●

【知识目标】

1. 熟悉 8051 单片机的总体结构与工作原理；

2. 熟悉 8051 单片机的存储器结构；

3. 熟悉 8051 单片机芯片封装类型及标号信息；

4. 掌握 8051 单片机引脚及其功能；

5. 掌握 8051 单片机最小系统组成结构及电路工作原理。

【技能目标】

1. 能够识别单片机的型号及引脚；

2. 能够制作电路的元件清单；

3. 能够使用孔板焊接组装电路；

4. 能够制作 8051 单片机最小系统模块。

【素质目标】

1. 加强爱国主义教育，增强"四个意识"，培养爱祖国、爱企业、爱专业、爱岗位的情怀；

2. 坚定理想信念，增强"四个自信"；

3. 加强品德修养，培养良好的学习习惯和行为习惯。

🗂 相关知识 ────────────────────────────────●

▶知识点 1　单片机基础知识及应用认知

1. 单片机基本知识

随着超大规模集成电路的发展，微型机已向两个主要方向发展：一个是向高速、性能优异的高档微型机方向发展；另一个是向简单可靠、小巧便宜的单片机方向发展。

（1）什么是单片机

单片微型计算机（single chip microcomputer）简称单片机。它是在一块芯片上集成

中央处理器(central processing unit，CPU)、随机存储器(random access memory，RAM)、只读存储器(read-only memory，ROM)、定时器/计数器及 I/O(input/output)接口电路等部件，构成一个芯片级的微型计算机，早期被称为单片机，但如今更能准确反映单片机本质的叫法是微控制器(microcontroller)，它是专为工业控制和智能仪器设计的一种集成度很高的微型计算机。

(2)单片机发展概况

纵观整个单片机技术发展过程，可以分为以下三个主要阶段：单芯片微机形成阶段、性能完善提高阶段和微控制器化阶段。

①单芯片微机形成阶段：以 1976 年 Intel 公司推出的 MCS-48 系列单片机为代表。该系列单片机早期产品在芯片内集成有：8 位 CPU、1 KB 字节程序存储器(ROM)、64 B 数据存储器(RAM)、27 根 I/O 线和 1 个 8 位定时器/计数器。

此阶段的主要特点是：在单个芯片内完成了 CPU、存储器、I/O 接口、定时/计数器、中断系统、时钟电路等部件的集成，但存储器容量较小、寻址范围小(不大于 4 KB)、无串行接口、指令系统功能不强。

②性能完善提高阶段：以 1980 年 Intel 公司推出的 MCS-51 系列单片机为代表。该系列单片机在芯片内集成有：8 位 CPU、4 KB 程序存储器(ROM)、128 B 数据存储器(RAM)、4 个 8 位并行接口、1 个全双工串行接口和 2 个 16 位定时器/计数器。寻址范围为 64 KB，并集成有控制功能较强的布尔处理器，能够完成位处理功能。

此阶段的主要特点是：结构体系完善，性能已大大提高。

③微控制器化阶段：以 1982 年 Intel 公司推出的 MCS-96 系列单片机为代表。该系列单片机在芯片内集成有：16 位 CPU、8 KB 程序存储器(ROM)、232 B 数据存储器(RAM)、5 个 8 位并行接口、1 个全双工串行接口、2 个 16 位定时器/计数器。寻址范围最大为 64 KB，片上还有 8 路 10 位 ADC、1 路 PWM(D/A)输出及高速 I/O 部件等。

此阶段的主要特点是：面向测控系统的外围电路增强，使单片机可以方便灵活地应用于复杂的自动测控系统及设备。因此，"微控制器"的称谓更能体现其本质。

近年来，许多半导体厂商以 MCS-51 系列单片机为内核，将许多测控系统中的接口技术、可靠性技术及先进的存储器技术和工艺技术集成到单片机中，生产出了多种功能强大、使用灵活的新一代 80C51 系列单片机。

现今，单片机具有受集成度的限制片内存储容量较小、可靠性高、易扩展、控制功能强、优异的性能价格比、体积小、电压低、功耗低、易于产品化等优点，其应用范围日益扩大。单片机的应用，打破了人们的传统设计思想，原来很多用模拟电路、脉冲数字电路和逻辑部件来实现的功能，现在均可以使用单片机通过软件来完成。

2. 单片机的应用领域

51 系列单片机，以其强大功能和极高的性价比等优点，在我国的各行各业得到广泛应用。其主要应用于以下几个领域。

(1)智能化仪器仪表中的应用

用单片机改造原有的测量、控制仪器仪表，使仪器仪表数字化、智能化、多功能化和微型化。由单片机构成的智能仪器仪表，集测量、处理控制功能于一身，从而赋予测量仪器仪表以崭新的面貌，是仪器仪表产品更新换代的标志。

（2）机电一体化设备中的应用

例如，车床、铣床、数控机床等。在这类设备中，单片机作为机电一体化设备的控制器，可简化机械产品的结构设计，实现智能的生产和操作控制，并扩展原有设备的功能。

（3）测控系统中的应用

用单片机可以构成各种工业测量控制系统。例如，室内温度湿度的自动控制、锅炉燃烧的自动控制、生产线的自动控制等，可以实现现场数据采集、数据处理、实时控制等功能。

（4）通信设备中的应用

高档单片机集成有通信接口，为单片机在计算机网络与通信设备中的应用提供了良好的条件。

（5）家电产品中的应用

例如，电视、电话、冰箱、空调、洗衣机、家用防盗报警器等。在这类设备中，单片机主要用于功能控制，单片机的加入让家电产品更受人们的喜爱。

（6）汽车电子产品中的应用

例如，现代汽车的集中显示系统、动力监测控制系统、自动驾驶系统、通信系统和运行监视器等。在这些系统中，依靠单片机强大的功能，实现复杂的控制和通信，简化了系统结构。

（7）电子玩具中的应用

例如，各种电动玩具、发声玩具、玩具机器人、遥控电动车、遥控航模等。在这类设备中，单片机实现了核心功能的控制和智能人机接口的应用。

随着单片机技术的发展，其应用的领域将不断扩大。总而言之，只要有需要控制、通信和智能的领域，便可以找到单片机的身影和应用的市场。

▶知识点2　51单片机结构原理的认知

1.8051单片机的总体结构

MCS-51单片机的典型芯片有8031、8051和8751。8031内部无ROM，8051内部有4 KB ROM，8751内部有4KB EPROM，除此之外，三者的内部结构及引脚完全相同。因此，本教材的所有项目将以8051为例，说明51系列单片机的结构原理及应用。8051单片机的总体结构框图，参见图1-1。

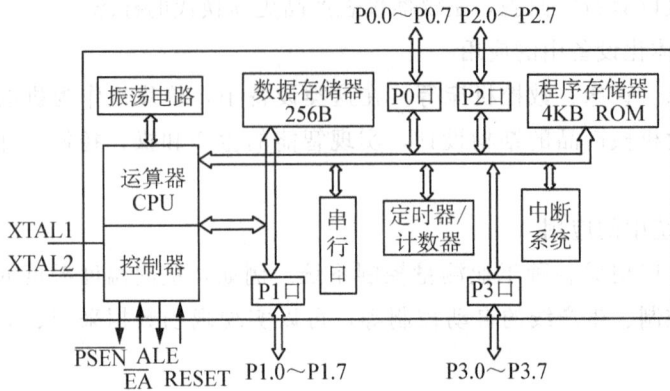

图 1-1 8051 单片机的总体结构框图

2. 8051 单片机的各部分功能

(1)中央处理器(CPU)

中央处理器是单片机的核心,用于完成运算和控制功能。MCS-51 的 CPU 能处理 8 位二进制数或代码。

(2)内部数据存储器(内部 RAM)

8051 单片机中共有 256 个 RAM 单元,但其中后 128 单元被专用寄存器占用,能作为寄存器供用户使用的只是前 128 单元,用于存放可读写的数据。因此通常所说的内部数据存储器就是指前 128 单元,简称内部 RAM。

(3)内部程序存储器(内部 ROM)

8051 单片机共有 4 KB 掩膜 ROM,用于存放程序、原始数据或表格,因此,称之为程序存储器,简称内部 ROM。

(4)定时器/计数器

8051 单片机共有 2 个 16 位的定时器/计数器,以实现定时或计数功能,并以其定时或计数结果对计算机进行控制。

(5)并行 I/O 口

8051 单片机共有 4 个 8 位的 I/O 口(P0、P1、P2、P3),以实现数据的并行输入/输出。

(6)串行口

8051 单片机有一个全双工的串行口,以实现单片机和其他设备之间的串行数据传送。该串行口功能较强,既可作为全双工异步通信收发器使用,也可作为同步移位器使用。

(7)中断系统

MCS-51 单片机的中断功能较强,以满足控制应用的需要。8051 共有 5 个中断源,即 2 个外部中断、2 个定时/计数中断、1 个串行中断。全部中断分为高级和低级两个优先级别。

（8）时钟电路

8051 单片机的内部有时钟电路，但需外接石英晶体和微调电容。时钟电路为单片机产生时钟脉冲序列。系统允许的晶振频率一般为 6 MHz 和 12 MHz。

总之，8051 单片机虽然是一个较小的芯片，但它从结构上是一个完整的计算机系统。

3. CPU 的工作流程

CPU 是处理数据和执行程序的核心，其工作过程是：首先取出程序指令，在控制单元中分配，送到逻辑运算单元，处理后的数据再存储在存储单元中，最后交由应用程序使用。在这个过程中，我们注意到从控制单元开始，CPU 就开始了正式的工作，中间的过程是通过逻辑运算单元来进行运算处理，交到存储单元代表工作的结束。

例如，数据在 CPU 中的运行过程：数据从输入设备输入到内存，等待 CPU 的处理，这些将要处理的信息是按字节存储的，也就是以 8 位二进制数存储，这些信息可以是数据或指令。数据可以是二进制表示的字符或数字等。而指令告诉 CPU 对数据执行哪些操作，比如完成加法、减法或移位运算。

假设在内存中的数据是最简单的原始数据。首先，指令指针会通知 CPU，将要执行的指令放置在内存中的存储位置。因为内存中的每个存储单元都有地址，可以根据这些地址把数据取出，通过地址总线送到控制单元中，指令译码器从指令寄存器 IR 中取出指令，翻译成 CPU 可以执行的形式，然后决定完成该指令需要哪些必要的操作，它将告诉算术逻辑单元（ALU）什么时候计算，告诉指令读取器什么时候获取数值，告诉指令译码器什么时候翻译指令，等等。

假如数据被送往算术逻辑单元，数据将会执行指令中规定的算术运算和其他各种运算。当数据处理完毕后，将回到寄存器中，通过不同的指令将数据继续运行或者通过 DB 总线送到数据缓存器中。CPU 就是这样去执行读出数据、处理数据和往内存写数据三项基本工作的。

但在通常情况下，一条指令可以包含按明确顺序执行的许多操作，CPU 的工作就是执行这些指令，完成一条指令后，CPU 的控制单元又将告诉指令读取器从内存中读取下一条指令来执行。这个过程不断快速重复，执行一条又一条指令。在此过程中为了保证每个操作准时发生，CPU 的步调和处理时间受时钟电路控制，时钟控制着 CPU 所执行的每一个动作。

知识点 3　51 系列单片机存储器结构的认知

1. 8051 单片机的存储器结构

8051 单片机在物理结构上有四个存储空间：内部程序存储器、外部程序存储器、内部数据存储器和外部数据存储器，如图 1-2 所示。

在逻辑上，即从用户的角度，8051 单片机有三个存储空间：内外部统一编址的 64 KB 的程序存储器地址空间、256 B 的内部数据存储器的地址空间及 64 KB 外部数据存储器的地址空间，参见图 1-2。在访问三个不同的逻辑空间时，采用不同形式的指令，以产生不同的存储器空间的选通信号。

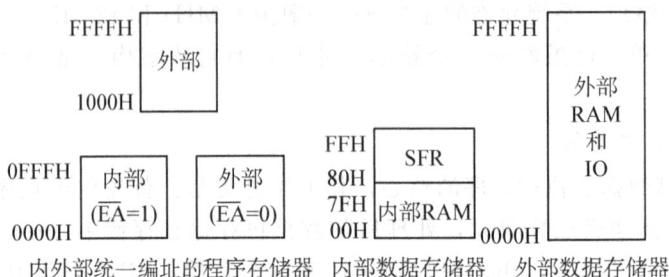

图 1-2　8051 单片机的存储器结构

2. 程序存储器(ROM)

单片机能够聪明地完成某种任务，除了强大的硬件，还需要运行的软件。其实单片机并不聪明，它们只是完全按照人们预先编写的程序执行而已。程序设计人员编写的程序，就存放在单片机的程序存储器中，俗称只读程序存储器(read-only memory，ROM)，单片机程序存储器通常是只读的。程序就是下达给单片机完成任务的一系列命令。其实程序和数据一样，都是由机器码组成的代码串，只是程序代码存放于程序存储器中。8051 单片机具有 64 KB 程序存储器寻址空间，它用于存放用户程序、数据和表格等信息。

对于内部无 ROM 的 8031 单片机，它的程序存储器必须外接，空间地址为 64 KB，此时单片机的 $\overline{EA}$ 端必须接地。强制 CPU 从外部程序存储器读取程序。

对于内部有 ROM 的 8051 等单片机，正常运行时，$\overline{EA}$ 端则需接高电平，使 CPU 先从内部的程序存储中读取程序，当 PC 值超过内部 ROM 的容量时，才会转向外部的程序存储器读取程序。

8051 内部有 4 KB 的程序存储单元，其地址为 0000H～0FFFH。单片机启动复位后，程序计数器的内容为 0000H，所以系统将从 0000H 单元开始执行程序。

在程序存储器中有些特殊且重要的单元，这些单元在使用中应特别加以注意：

①0000H～0002H 单元，系统复位后，PC 为 0000H，单片机从 0000H 单元开始执行程序，如果程序不是从 0000H 单元开始，那么应在这三个单元中存放一条无条件转移指令，让 CPU 直接去执行用户指定的程序。

②0003H～002AH 单元，这 40 个单元各有用途，它们被均匀地分为五段，它们的定义如表 1-1 所示。

表 1-1　8051 单片机中断入口地址分配表

特殊程序存储单元	功能说明
0003H～000AH	0003H 外部中断 0 中断入口地址
000BH～0012H	000BH 定时器/计数器 0 中断入口地址

续表

特殊程序存储单元	功能说明
0013H～001AH	0013H 外部中断 1 中断入口地址
001BH～0022H	001BH 定时器/计数器 1 中断入口地址
0023H～002AH	0023H 串行中断入口地址

由表 1-1 可知，以上 40 个单元是专门用于存放中断处理程序的入口地址，中断响应后，按中断的类型，自动转到各自的中断区去执行程序。从表 1-1 可以发现，每个中断服务程序只有 8 个字节单元，用 8 个字节来存放一个中断服务程序显然是不可能的，通常情况下，我们是在中断响应的地址区安放一条无条件转移指令，指向程序存储器的其他真正存放中断服务程序的空间去执行，这样中断响应后，CPU 读到这条转移指令，便转向其他地方去继续执行中断服务程序。

3. 内部数据存储器

单片机的数据存储器由随机读取存储器(random access memory，RAM)组成。

(1)内部数据存储器低 128 单元

8051 的内部 RAM 共有 256 个单元，通常把这 256 个单元按其功能划分为两部分：低 128 单元(单元地址 00H～7FH)和高 128 单元(单元地址 80H～FFH)。低 128 单元的配置，参见表 1-2。

表 1-2　内部数据存储器低 128 单元

地址	功能
30H～7FH	用户 RAM 区
20H～2FH	位寻址区(00H～7FH)
18H～1FH	工作寄存器 3 区(R7～R0)
10H~17II	工作寄存器 2 区(R7～R0)
08H～0FH	工作寄存器 1 区(R7～R0)
00H～07H	工作寄存器 0 区(R7～R0)

低 128 单元是单片机的真正 RAM 存储器，按其用途被划分为寄存器区、位寻址区和用户 RAM 区三个区域。

①寄存器区：8051 共有 4 组寄存器，每组 8 个寄存单元(各为 8)，各组都以 R0～R7 作寄存单元编号，参见表 1-2。寄存器常用于存放操作数中间结果等。它们的功能及使用不作预先规定，因此称之为通用寄存器，有时也叫工作寄存器。4 组通用寄存器占据内部 RAM 的 00H～1FH 单元地址。在任一时刻，CPU 只能使用其中的一组寄存器，并且把正在使用的那组寄存器称为当前寄存器组。具体是哪一组，由程序状态字寄存器 PSW 中 RS1、RS0 位的状态组合来决定。

②位寻址区：内部 RAM 的 20H～2FH 单元，既可作为一般 RAM 单元使用，进行字节操作，也可以对单元中每一位进行位操作，因此把该区称为位寻址区。位寻址

区共有 16 个 RAM 单元，计 128 位，地址为 00H～7FH。MCS-51 具有布尔处理机功能，这个位寻址区可以构成布尔处理机的存储空间。这种位寻址能力是 MCS-51 的一个重要特点。位寻址区的位地址，参见表 1-3。

表 1-3　片内 RAM 位寻址区的位地址

单元地址	MSB			位地址				LSB
2FH	7F	7E	7D	7C	7B	7A	79	78
2EH	77	76	75	74	73	72	71	70
2DH	6F	6E	6D	6C	6B	6A	69	68
2CH	67	66	65	64	63	62	61	60
2BH	5F	5E	5D	5C	5B	5A	59	58
2AH	57	56	55	54	53	52	51	50
29H	4F	4E	4D	4C	4B	4A	49	48
28H	47	46	45	44	43	42	41	40
27H	3F	3E	3D	3C	3B	3A	39	38
26H	37	36	35	34	33	32	31	30
25H	2F	2E	2D	2C	2B	2A	29	28
24H	27	26	25	24	23	22	21	20
23H	1F	1E	1D	1C	1B	1A	19	18
22H	17	16	15	14	13	12	11	10
21H	0F	0E	0D	0C	0B	0A	09	08
20H	07	06	05	04	03	02	01	00

③用户 RAM 区：在内部 RAM 低 128 单元中，通用寄存器占 32 个单元，位寻址区占 16 个单元，剩下 80 个单元，这就是供用户使用的用户 RAM 区，其单元地址为 30H～7FH，参见表 1-2。

(2)内部数据存储器高 128 单元

内部 RAM 的高 128 单元是供给专用寄存器使用的，其单元地址为 80H～FFH。因这些寄存器的功能已作专门规定，故称之为特殊功能寄存器。8051 共有 21 个特殊功能寄存器，其地址能被 8 整除的都可以位寻址，地址参见表 1-4。

表 1-4　特殊功能寄存器

SFR	位地址								字节地址
	7	6	5	4	3	2	1	0	
B	F7	F6	F5	F4	F3	F2	F1	F0	F0H
A	E7	E6	E5	E4	E3	E2	E1	E0	E0H

SFR	位地址								字节地址
	7	6	5	4	3	2	1	0	
PSW	D7	D6	D5	D4	D3	D2	D1	D0	D0H
	C	AC	F0	RS1	RS0	OV	/	P	
IP	BF	BE	BD	BC	BB	BA	B9	B8	B8H
			PS	PT1	PX1	PT0	PX0		
P3	B7	B6	B5	B4	B3	B2	B1	B0	B0H
	P3.7	P3.6	P3.5	P3.4	P3.3	P3.2	P3.1	P3.0	
IE	AF	AE	AD	AC	AB	AA	A9	A8	A8H
	EA			ES	ET1	EX1	ET0	EX0	
P2	A7	A6	A5	A4	A3	A2	A1	A0	A0H
	P2.7	P2.6	P2.5	P2.4	P2.3	P2.2	P2.1	P2.0	
SBUF									99H
SCON	9F	9E	9D	9C	9B	9A	99	98	98H
	SM0	SM1	SM2	REN	TB8	RB8	TI	RI	
P1	97	96	95	94	93	92	91	90	90H
	P1.7	P1.6	P1.5	P1.4	P1.3	P1.2	P1.1	P1.0	
TH1									8DH
TH0									8CH
TL1									8BH
TL0									8AH
TMOD	GATE	C/$\overline{\text{T}}$	M1	M0	GATE	C/$\overline{\text{T}}$	M1	M0	89H
TCON	8F	8E	8D	8C	8B	8A	89	88	88H
	TF1	TR1	TF0	TR0	IE1	IT1	IE0	IT0	
PCON	SMOD				GF1	GF0	PD	IDL	87H
DPH									83H
DPL									82H
SP									81H
P0	87	86	85	84	83	82	81	80	80H
	P0.7	P0.6	P0.5	P0.4	P0.3	P0.2	P0.1	P0.0	

4. 外部数据存储器

51 系列单片机，片外数据存储器地址范围为 0000H～FFFFH，用 MOVX 指令访问，用 16 位地址指针 DPTR 寻址，最大寻址范围是 64 KB。当访问片外低 256 B 单元

存储区时，也可用 R0、R1 的寄存器间接寻址方式。

▶知识点 4 51 系列单片机芯片认知

1. 8051 单片机的封装

封装，就是指把硅片上的电路管脚，用导线接引到外部接头处，以便与其他器件连接。封装形式是指安装半导体集成电路芯片用的外壳。它不仅起着安装、固定、密封、保护芯片及增强电热性能等方面的作用，而且还通过芯片上的接点用导线连接到封装外壳的引脚上，这些引脚又通过印刷电路板上的导线与其他器件相连接，从而实现内部芯片与外部电路的连接。因为芯片必须与外界隔离，以防止空气中的杂质对芯片电路的腐蚀而造成电气性能下降。另外，封装后的芯片也更便于安装和运输。常见的 8051 单片机封装形式介绍如下。

(1)QFP 封装/PFP 封装

QFP(quad flat package)：方形扁平式封装的芯片，它的引脚之间距离很小，引脚很细，一般大规模或者超大型集成电路都采用这种封装形式，适用于大批量生产。用这种形式封装的芯片必须采用 SMD(surface mounted devices)——表面安装设备技术将芯片与主板焊接起来，采用 SMD 安装的芯片不必在主板上打孔，一般在主板表面上有设计好的相应引脚的焊点。将芯片各脚对准相应的焊点，即可实现与主板的焊接。用这种方法焊上去的芯片，如果不用专用工具是很难拆卸下来的。QFP 封装芯片如图 1-3 所示。

图 1-3 QFP 封装芯片

QFP 封装具有以下特点：

①适合用于 SMD 表面安装技术在 PCB 电路板上安装布线；

②适合高频使用；

③操作方便，可靠性高；

④芯片面积与封装面积之间的比值较小。

PFP(Plastic Flat Package)——塑料扁平组件式封装方式的芯片，它与 QFP 方式基本相同，唯一的区别是 QFP 一般为正方形，而 PFP 既可以是正方形，也可以是长方形。

（2）PLCC 封装

PLCC(plastic leaded chip carrier)——塑料引线芯片载体封装芯片，它是贴片封装的一种，外形呈正方形，是 44 个引脚的封装，其中包括 4 个空引脚。其引脚与 QFP 封装引脚类似，标有记号者为 1 号引脚，然后逆时针排列，分别是 2、3、4……44 号引脚，如图 1-4 所示。

图 1-4　PLCC 封装芯片

PLCC 封装适合用 SMT 表面安装技术在 PCB 上安装布线，具有外形尺寸小、可靠性高的优点，适用于实验和大批量生产。

（3）DIP 封装

DIP(dual in-line package)——双列直插式封装，它是 40 个引脚双并列的封装形式，简称 DIP40。由于现在都是采用比较便宜的塑料封装，所以又叫 PDIP，有记号者为 1 号引脚，然后逆时针排列，分别是分别是 2、3、4……40 号引脚，如图 1-5 所示。绝大多数中小规模集成电路采用这种封装形式，适用于学校与实验室使用。

DIP 封装具有以下特点：

①适合在 PCB(印刷电路板)上穿孔焊接，操作方便；

②芯片面积与封装面积之间的比值较大，故体积也较大。

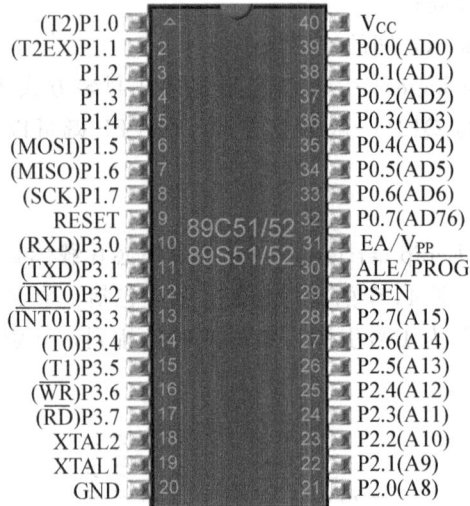

图 1-5 DIP 封装芯片

2.8051 单片机芯片标号信息

目前生产 8051 系列单片机的厂家很多，市面上常见的有 STC 公司和 ATMEL 公司的系列单片机。下面以 STC 芯片上的标号 STC89C52RC 40C-PDIP 1046N1K877.90C 为例做简单的介绍。

(1)STC——表示芯片的生产公司。

(2)8——表示该芯片是 8051 内核芯片。

(3)9——表示芯片内部含有 Flash E2PROM 存储器。如 80C51 中的 0 表示内部含有 Mask(掩膜)ROM 存储器；87C51 中的 7 表示内部含有 EPROM(紫外线可擦除)ROM。

(4)C——表示该器件为 CMOS 产品。

(5)5——一般固定不变。

(6)2——表示该芯片的内部程序存储空间大小。1 为 4 KB，2 为 8 KB，3 为 12 KB，即该数乘 4 KB 就是该芯片内部的程序存储空间大小。

(7)RC——表示 STC 单片机内部 RAM 为 512 B。

(8)40——表示芯片外部晶振最高可接入 40 MHz，影响单片机运行速度。

(9)C——表示产品级别。C 表示商业级，温度范围为 0～70℃；I 表示工业级，温度范围为－40～85℃；A 表示汽车级，温度范围为－40～125℃；M 表示军用级，温度范围为－55～150℃。

(10)PDIP——表示产品封装型号。PDIP 为双列直插式；PLCC 为带引线的塑料芯片封装；QFP 为塑料方型扁平式封装；PFP 为塑料扁平组件式封装；PGA 为插针网格阵列封装；BGA 为球栅阵列封装。

(11)1046——表示本批芯片的生产日期是 2010 年第 46 周。

其余标号为产品工艺方面特定含义。

3. 8051 单片机引脚排列认知

一般教学用 51 系列单片机采用 40 脚的 DIP 封装方式，如图 1-6 所示。由于引脚限制，不少引脚具有第二功能。

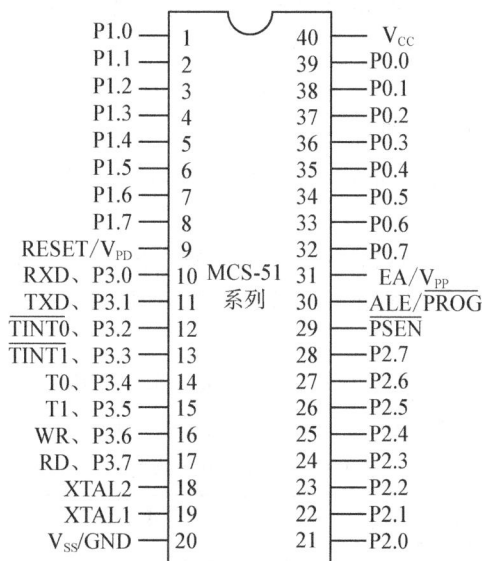

图 1-6　8051 单片机引脚排列图

4. 8051 单片机引脚功能认知

在图 1-6 的 40 条引脚中，有 2 条专用于主电源引脚，2 条外接晶振的引脚，4 条控制线与其他电源复用，32 条 I/O 引脚，各引脚的功能如下。

(1)V_{CC}：40 脚，电源端，正常接＋5 V 工作电压。

(2)V_{SS}/GND：20 脚，接地端。

(3)RESET/V_{PD}：9 脚，复位信号输入端。当晶振在运行状态中只要复位引脚出现 2 个机器周期的高电平，即可复位。该引脚的第二功能是备用电源输入端，接上＋5 V 备用电源当芯片突然断电时，能保护片内 RAM 数据，使复电后能正常运行。

(4)ALE/$\overline{PROG}$：30 脚，ALE 是地址锁存允许信号。它的作用是把 CPU 从 P0 口分时输出的低 8 位地址锁存在锁存器中。在正常情况下 ALE 输出信号恒定为 1/6 振荡频率，并可用作外部时钟或定时。该引脚的第二功能 $\overline{PROG}$ 是对 EPROM 编程时的编程脉冲输入端。

(5)$\overline{PSEN}$：29 脚，读片外程序存储器选通信号输出端。当执行外部程序存储器数据时，PSEN 每个机器周期被激活两次。在访问外部数据存储器和内部程序存储器时 PSEN 无效。

(6)$\overline{EA}/V_{PP}$：31脚，读片内与片外程序存储器的选择端。当$\overline{EA}$为高电平时，根据存储单元的地址所在，可读片内程序存储器，也可读片外程序存储器；当$\overline{EA}$为低电平时，则只能读片外程序存储器。该引脚的第二功能V_{PP}是对片内EPROM编程时的电压输入端。

(7)XTAL1：19脚，片内振荡电路反向放大器的输入端，采用外部振荡电路时该引脚接地。

(8)XTAL2：18脚，片内振荡电路反向放大器的输出端，采用外部振荡电路时该引脚为振荡信号的输入端。

(9)P0口：P0.0~P0.7依次为第39~32脚，P0口除了可以作普通的双向I/O口使用，也可以在访问外部存储器时用作低8位地址线和数据总线。

(10)P1口：P1.0~P1.7依次为第1~8脚，P1口是带内部上拉电阻的准双向I/O口。

(11)P2口：P2.0~P2.7依次为第21~28脚，P2口也是带内部上拉电阻的准双向I/O口；在访问外部程序存储器和外部数据存储器时，P2口可作为地址总线的高8位地址线。

(12)P3口：P3.0~P3.7依次为第10~17脚，也是带内部上拉电阻的准双向I/O口；同时，P3口也具有第二功能，当P3口用作第二功能使用时，各引脚功能如表1-5所示。

表1-5　P3口的第二功能表

P3口引脚	第二功能
P3.0	RXD（串行口输入）
P3.1	TXD（串行口输出）
P3.2	$\overline{INT0}$（外部中断0输入）
P3.3	$\overline{INT1}$（外部中断1输入）
P3.4	T0（定时器T0的外部输入）
P3.5	T1（定时器T1的外部输入）
P3.6	$\overline{WR}$（片外数据存储器写选通控制输出）
P3.7	$\overline{RD}$（片外数据存储器读选通控制输出）

▶知识点5　51单片机最小系统的认知

1. 单片机最小系统

单片机最小系统一般指由单片机、电源电路、复位电路和时钟电路四个部分组成，是单片机能够正常工作的最低条件。单片机最小系统，在制作过程中往往把单片机的I/O引脚全部引出，以方便以后的使用。51单片机最小系统，如图1-7所示。

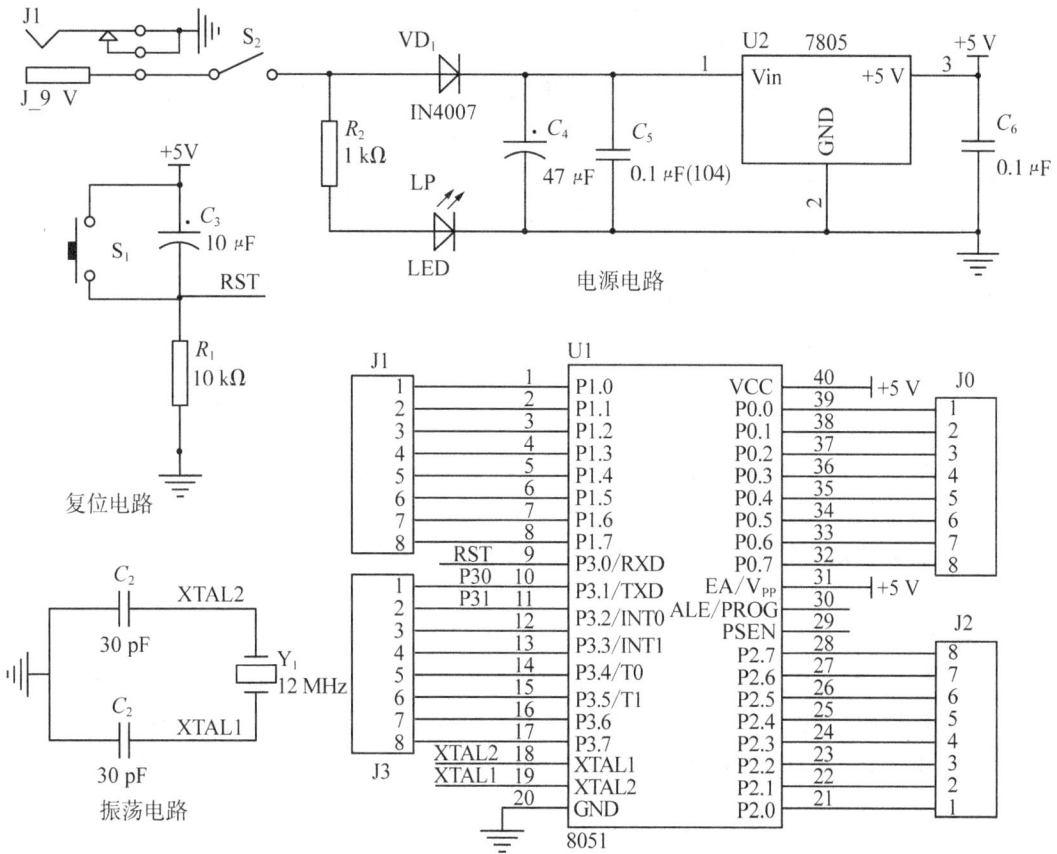

图 1-7　51 单片机最小系统原理图

2. 电源电路

电源电路是为整个单片机系统提供电源的供电模块，电源模块的稳定可靠是单片机系统可靠运行的前提。单片机容易受到电源的干扰而出现程序跑飞的现象，克服这种现象的一个重要手段就是为单片机系统配置一个稳定可靠的电源供电模块。

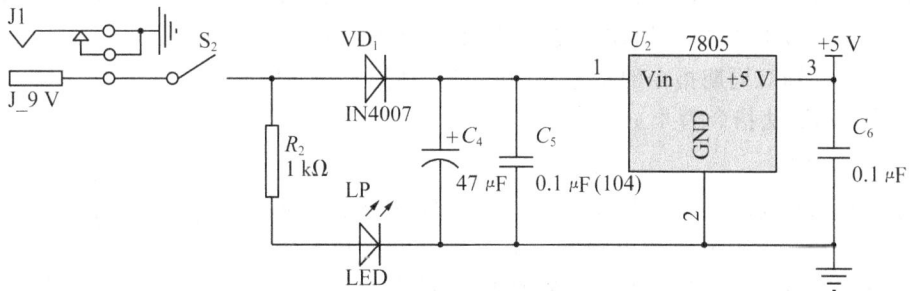

图 1-8　电源电路

此最小系统中，电源电路采用 7805 芯片作为稳压器件，外接 6～9 V 的电源，就可以为单片机系统提供稳定可靠的 5 V 电源。另外，电源电路中接入了电源指示 LED

和电源开关 S_2，以方便控制电源的通断。

3. 时钟电路及时序单位

单片机都有内部时钟电路，只需外接晶振即可产生时钟信号。MCS-51单片机内部有一个高增益的反相放大器，其输入端为芯片引脚 XTAL1，输出端为芯片引脚 XTAL2，将 XTAL1 和 XTAL2 与外部的石英晶体及两个电容连接起来可构成一个石英晶体振荡器，如图1-9所示。一般晶体的振荡频率范围是 1.2～12 MHz，典型的频率是 11.0592 MHz 和 12 MHz；电容容量一般在 15 pF 至 50 pF 之间。

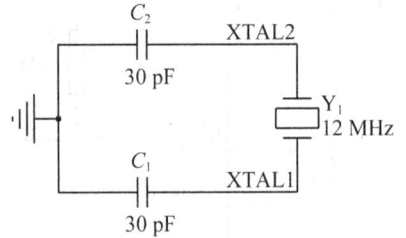

图 1-9　振荡电路

单片机本身是一个复杂的同步时序电路，为了保证同步方式的实现，全部电路应在统一的时钟信号控制下严格地按照时序进行工作。MCS-51单片机的定时单位共有四个，从小到大依次为拍节、状态、机器周期和指令周期。

①拍节与状态：将为单片机提供定时信号的振荡源的周期定义为拍节(用"P"表示)。振荡脉冲经二分频为单片机的时钟信号，将时钟信号周期定义为状态(用"S"表示)。这样一个状态包括两个拍节，前半周期为拍节1(P1)，后半周期为拍节2(P2)。

②机器周期：规定一个机器周期由六个状态组成，即12个拍节，可用 S1～S6 表示6个状态，用 S1P1、S1P2、S2P1、S2P2……S6P1、S6P2 表示12个拍节，如图1-10所示。

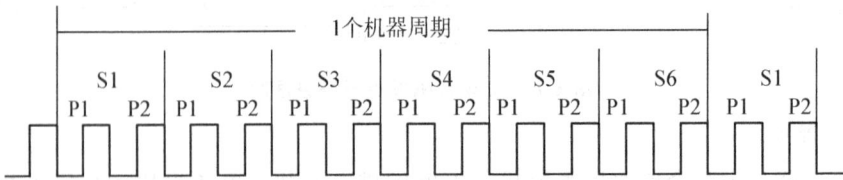

图 1-10　单片机的时序定时单位

③指令周期：执行一条指令所用的时间，指令周期以机器周期数表示，一个指令周期通常包含 1～4 个机器周期。MCS-51单片机除乘法、除法指令是 4 周期指令以外，其余都是单周期指令和双周期指令。若用 12 MHz 晶振，则单周期指令和双周期指令的指令周期时间分别为 1 μs 和 2 μs，乘法和除法指令为 4 μs。

4. 复位电路

复位目的是使单片机或系统中的其他部件处于某种确定的初始状态。常见的复位电路有：上电复位电路和按钮复位电路。上电及按钮复位电路，如图1-11所示。

单片机复位后，各并行接口 P0～P3 口输出高电平，堆栈指针 SP 为 07H，其他特殊功能寄存器和程序计数器 PC 均被清零。即：

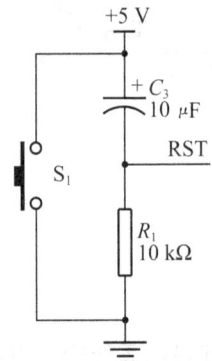

图 1-11　上电及按钮复位电路

①复位后，PC＝0000H，所以程序从 0000H 地址单元开始执行，启动后，片内 RAM 为随机值，运行中的复位操作不改变片内 RAM 的内容。

②特殊功能寄存器复位后的状态是：P0～P3＝FFH，各口可用于输出，也可用于输入。

③堆栈复位后的状态是：SP＝07H，第一个入栈内容将写入 08H 单元。

④其他，IP、IE 和 PCON 的有效位为 0，各中断源处于低优先级且均被关断、串行通信的波特率不加倍，PSW＝00H，当前工作寄存器为 0 组。

5. 串口 ISP 下载电路

有时为了方便程序下载和串口调试，常常在 51 单片机最小系统中增加串口 ISP 下载电路，如图 1-12 所示。该电路采用 MAX232 芯片，支持 51 单片机在线系统编程，平时也可作串口通信接口。如 STC 的 51 单片机都支持 ISP 在线系统编程，可用一根 USB 转串口线下载编好的程序到单片机的程序存储器中，这在单片机应用系统的开发过程中受到工程师的欢迎。

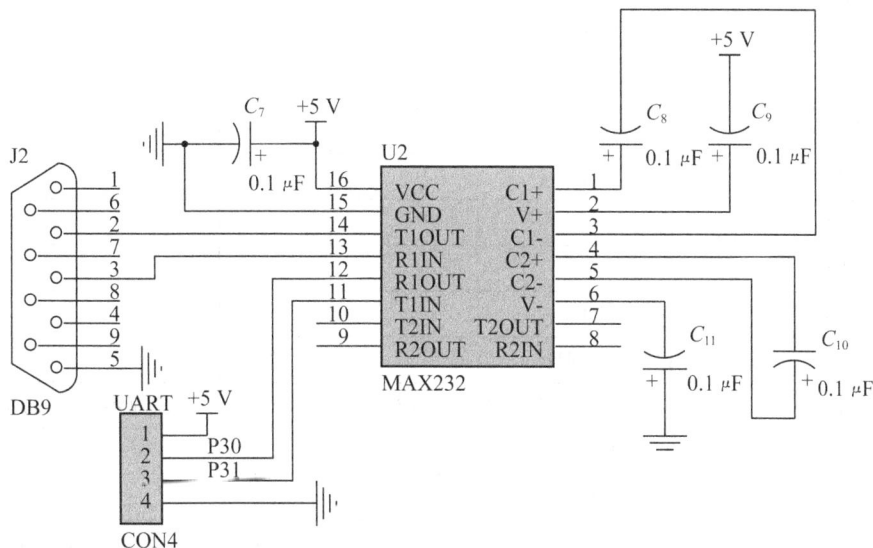

图 1-12　串口 ISP 下载电路

项目实施

本次项目的实施过程，我们将分 6 个步骤进行：

(1)单片机最小系统电路原理图设计；

(2)单片机最小系统元件清单制作；

(3)所需工具及器材准备；

(4)元器件识别及检查；

(5)组装焊接单片机最小系统电路模块；

(6)测试单片机最小系统电路。

一、单片机最小系统电路原理图设计

51 单片机最小系统电路原理图，直接使用图 1-7 和图 1-12 所示单片机最小系统原理图，也可自行设计或修改。

二、单片机最小系统元件清单制作

依据图 1-7 和图 1-12 所示电路原理图，设计制作 51 单片机最小系统电路模块，列出与其对应的元件清单，如表 1-6 所示，其中未选的各元件封装需自定。

表 1-6　单片机最小系统元件清单

元件	型号	封装(自选)	数量	备注
电阻	1 kΩ		1	
电阻	10 kΩ		1	
电容	0.1 μF		2+5	5 个用于串口 ISP 电路
电容	10 μF		1	
电容	47 μF		1	
电容	30 pF		2	
9 V 插座	J_9 V		1	
稳压管	7805		1	
二极管	1N4007		1	
发光二极管	LED		1	
晶振	11.0592 MHz		1	
单片机	STC90C52RC	DIP40	1	自选兼容 8051 的单片机
按钮 S1	自选		1	
开关 S2	自选		1	
排插	8 针		4+1	1 个用于串口 ISP 电路
万用板	自选		1	
串口转换芯片	MAX232	DIP16	1	用于串口 ISP 下载电路
串口插座	DB9		1	用于串口 ISP 下载电路

三、所需工具及器材准备

所需工具器材及说明如表 1-7 所示。

表 1-7　所需工具器材及说明

工具或器材	数量	说明
电烙铁	1 支	

续表

工具或器材	数量	说明
电烙铁架	1台	
焊锡丝	1卷	建议0.5~0.7 mm
万用表	1台	
松香	1块	
单片机最小系统图	1份	采用图1-7和图1-12所示电路原理图(可自行设计)
元件清单	1份	见表1-6(可按自行设计最小系统原理图制作元件清单)
元件包	1袋	按表1-6提前采购(可按自己元件清单采购)

四、元器件识别及检查

正确识别各元器件,并做上标记或记录;检查各元器件是否正常,如有异常立即更换。教师在这个教学环节,提供及时和必要的指导,并可依情况设计适当的教学管理文档,提高本环节的教学质量,为本项目的成功完成做好准备。

五、组装焊接单片机最小系统电路模块

利用准备的工具和器材,制作单片机最小系统电路模块。教师在此过程中,应及时发现学生实践操作中的错误,并指导学生正确地按时按要求完成单片机最小系统的焊接组装。

六、测试单片机最小系统电路

测试单片机最小系统电路,是为了检查电路制作是否成功,如果不成功,要查找问题的原因,直至改正为止。教师在此过程中,需编写一个简单的测试程序(如在P0口输出一个0AH),用准备好的下载器下载到每个学生的单片机芯片中,方便学生用万用表测试自己的电路;另外,测试出现问题时,要引导学生分析解决问题。

📋 项目测评 ━━━━━━━━━━━━━━━━━━━━━━━━●

项目实施内容	评价内容	评价依据	优秀	良好	合格	继续努力
		项目1　单片机最小系统制作测评表				
硬件电路设计 (100分)	单片机最小系统电路图绘制	符合电气原理图绘图规范				
	单片机最小系统焊接制作	焊接工艺				
总评						

思考与练习

1. 单片机最小系统电路由哪几部分组成？

2. 8051 单片机的程序存储器和数据存储器有哪些区别？

3. 51 单片机若要工作起来，不能悬空的引脚有哪些？它们又该怎么接？

项目 2　彩灯控制系统

项目描述

51 系列单片机的 I/O 端口是单片机 CPU 与外部进行信息交换的主要通道。单片机应用系统的控制功能大多需要使用 I/O 端口进行信息传递来实现。本项目要求使用 51 单片机制作一个彩灯控制系统。该系统上共装有 8 个 LED 灯，8 灯循环依次点亮，每灯点亮时间约为 0.5 s。

学习目标

【知识目标】

1. 了解 8051 单片机 I/O 端口的用途和结构；

2. 掌握 8051 单片机 I/O 端口的工作原理；

3. 掌握 P0、P1、P2、P3 四个端口的区别；

4. 掌握 51 单片机 I/O 端口常用的驱动电路；

5. 熟悉 51 单片机的 C 语言主程序结构和 C 语言基本语法；

6. 了解 Proteus 仿真软件的基本用法。

【技能目标】

1. 能够使用 51 单片机 I/O 端口进行数据的输入输出；

2. 能够制作 8 个 LED 的驱动电路模块的制作；

3. 能够使用 51 单片机 KEIL 开发环境进行程序编写；

4. 能够将控制程序正确下载到单片机芯片；

5. 具备基本的单片机应用系统的设计能力。

【素质目标】

1. 培养认真、细心、严谨的工作作风；

2. 厚植爱国主义情怀，增强"四个意识"。

相关知识

▶ 知识点 1　51 单片机 I/O 端口的认知

单片机系统是一个完整的计算机系统，它能够完成运算及控制的工作，而这些工作有很多是需要单片机与其连接的外部设备一起实现的。为了实现这些功能，单片机需要与外部设备进行数据交换，而单片机的 I/O（输入/输出）端口就是单片机与外设进行信息交换的主要通道。

I/O 端口作为单片机的输出通道使用时，可以直接驱动 LED 彩灯电路，利用端口的输出信号控制 LED 彩灯的亮灭；而当 I/O 端口作为单片机的输入通道使用时，可以利用开关电路向单片机输入一组 8 位二进制数。

8051 单片机有 32 根 I/O 端口线，分别为 4 个 8 位并行 I/O 端口 P0、P1、P2 和 P3，这 4 个端口均为双向口，都由内部总线控制，既可以用作输入口，也可以用作输出口。这些 I/O 端口在结构和特性上基本相同，又各有特点，下面分别介绍。

1. P0 口的认知

P0 口是一个三态双向口，可作为通用 I/O 端口，也可作为地址/数据分时复用口。其结构及原理如图 2-1 所示。P0 口的输出级具有驱动 8 个 LSTTL 负载的能力，即输出电流不大于 800 μA。

P0 口由 8 个如图 2-1 所示电路组成。锁存器起输出锁存作用，8 个锁存器构成了特殊功能寄存器 P0；场效应管 VT_1、VT_2 组成输出驱动器，以增大带负载能力；三态门 1 是引脚输入缓冲器；三态门 2 用于读锁存器端口；与门 3、反相器 4 及模拟转换开关 MUX 构成了输出控制电路。

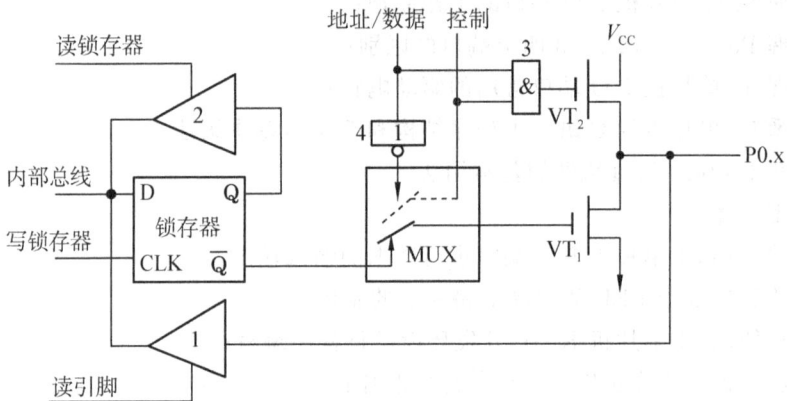

图 2-1　P0 口某一位的结构及原理

(1)P0 口作通用 I/O 端口

当 P0 口作通用 I/O 口使用，在 CPU 向端口输出数据时，控制线信号为 0，转换开关 MUX 把输出级与锁存器 $\overline{Q}$ 端接通，同时因与门 3 输出为 0 使 VT_2 截止，此时，输出级是漏极开路电路。当写脉冲加在锁存器时钟端 CLK 上时，与内部总线相连的 D 端数据由 $\overline{Q}$ 端输出，经输出 VT_1 反相，在 P0.x 引脚上输出的数据正好是内部总线的数据。当要从 P0.x 口输入数据时，引脚信息仍经输入缓冲器进入内部总线。

P0 口在输出数据时，由于 VT_2 截止，输出级是漏极开路电路，要使"1"信号正常输出，必须外接上拉电阻。

P0 口作为通用 I/O 口使用时，是准双向。其特点是在输入数据时，应先把端口置位，此时锁存器的 $\overline{Q}$ 端为 0，则输出级的两个场效应管 VT_1、VT_2 均截止，引脚处于悬浮状态，才可作高阻输入。因为，从 P0.x 口引脚输入数据时，VT_2 一直处于截止状态，引脚上的外部信号既加在三态缓冲器 1 的输入端，又加在 VT_1 的漏极。假定在此之前曾输出锁存过数据 0，则 VT_1 是导通的，这样引脚上的电位就始终被钳位在低电平，使输入高电平无法读入。因此，在输入数据时，应人为地先向端口写"1"，使 VT_1、VT_2 均截止，方可高阻输入。所以说 P0 口作为通用 I/O 口使用时，是准双向口。

(2)P0 口作地址/数据分时复用总线

当 P0 口作地址/数据分时复用总线时，可分为从 P0 口输出低 8 位地址或数据和从 P0 口输入数据两种情况。

在访问片外存储器，需从 P0 口输出低 8 位地址或数据信号时，控制信号为高电平"1"，使转换开关 MUX 把反相器 4 的输出端与 VT_1 接通，同时把与门 3 打开。当地址或数据为"1"时，经反相器 4 使 VT_1 截止，而经与门 3 使 VT_2 导通，P0.x 引脚上输出相应的高电平"1"；当地址或数据为"0"时，经反相器 4 使 VT_1 导通而 VT_2 截止，引脚上输出相应的低电平"0"。这样就将地址/数据的信号输出。

在 P0 用作地址/数据分时复用功能连接外部存储器时，由于访问外部存储器期间，CPU 会自动向 P0 口的锁存器写入 0FFH，对用户而言，P0 口此时则是真正的三态双向口。

2.P1 口的认知

P1 口也是一个准双向口，其结构及原理如图 2-2 所示。

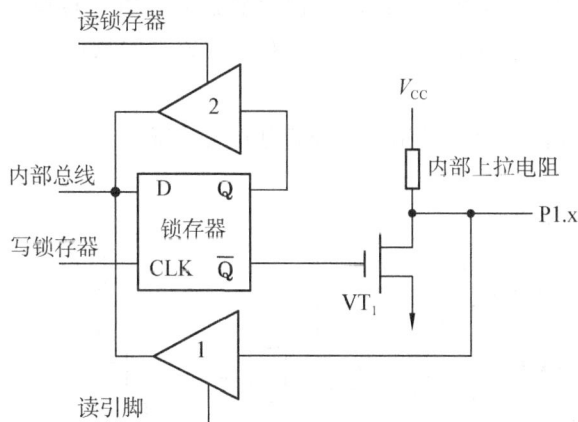

图 2-2　P1 口某一位的结构及原理

P1 口只能作为通用 I/O 输入和输出端口，数据的输入和输出工作过程与 P0 口相似，输入引脚数据时，先将锁存器置位，然后通过读引脚指令完成将数据读入内部总线。读锁存器操作由"读－修改－写"指令完成，它不需要向锁存器写"1"，过程同 P0 口输出数据一样。P1 口的位结构中含有上拉电阻，因此不需要外接上拉电阻。P1 口具有驱动 4 个 LSTTL 负载的能力。

3.P2 口的认知

P2 口也是一个准双向口，其结构及原理如图 2-3 所示。P2 口可作为通用 I/O 端

口，也可作为地址/数据分时复用口。

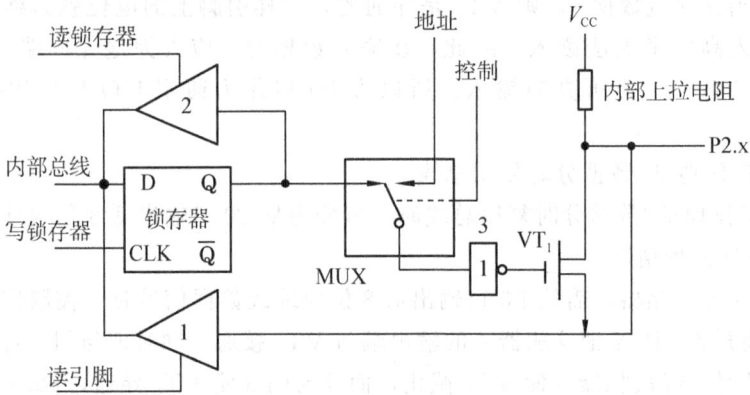

图 2-3　P2 口某一位的结构及原理

当作为准双向通用 I/O 口使用时，其工作原理及负载能力与 P1 相同。输入引脚数据时，先将锁存器置位，然后通过读引脚指令完成将数据读入内部总线。读锁存器操作由"读—修改—写"指令完成，它不需要向锁存器写"1"，过程同 P0 口输出数据。P2口的位结构中也带有上拉电阻，因此不需要外接上拉电阻。

当作为外部扩展存储器的高 8 位地址总线使用时，控制信号使转换开关接向右侧地址线，高 8 位地址经反相器 3 和 VT₁ 两次取反在 P2.x 上输出。在上述情况下，端口锁存器的内容不受影响。所以，在访问外部存储器后，由于转换开关又接至左侧锁存器，输出驱动器与锁存器 Q 端相连，引脚上将恢复原来的数据。

4. P3 口的认知

P3 口是一个多功能端口，其结构及原理如图 2-4 所示。

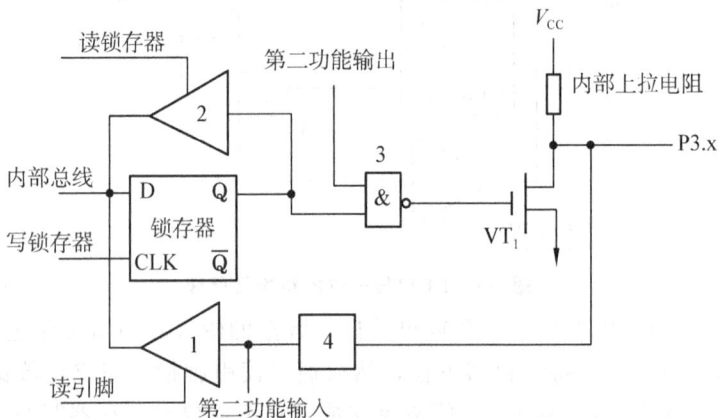

图 2-4　P3 口某一位的结构及原理

对比 P1 口的结构图可见，P3 口比 P1 口在结构上多了与非门 3 和缓冲器 4。与非门 3 实际上是一个开关，决定是输出锁存器上的数据还是输出第二功能的信号。

当 CPU 对 P3 口进行访问时，由内部硬件自动将第二功能输出线置 1，打开与非门 3，

D 锁存器输出端 Q 的状态可通过与非门 3 由场效应管输出，这是作通用 I/O 口输出的情况。

当 P3 口作为输入使用时，同 P0～P2 口一样，由软件向锁存器置"1"，使 D 锁存器 Q 端为"1"，与非门 3 输出为"0"，场效应管截止，引脚端可作为高阻输入。当 CPU 发出读命令时，使缓冲器 1 上的"读引脚"信号有效，三态缓冲器 1 开通。于是，引脚的状态经缓冲器 4 送到 CPU 内部总线。

当 P3 口用作第二功能使用时，各引脚功能如表 1-5 所示。

当 P3 口用作第二功能输出时，第二输出功能端可为串行口输出 TXD、片外数据存储器写选通控制输出 $\overline{WR}$ 和片外数据存储器读选通控制输出 $\overline{RD}$，控制信号状态通过与非门 3 和场效应管输出到引脚端。

当 P3 口用作第二功能输入时，由于 D 锁存器 Q 端被置位，第二功能不用作第二功能输出时也保持为"1"，所以场效应管截止，使该位引脚为高阻输入状态，此时，第二功能输入可为串行口输入 RXD、外部中断 0 输入 $\overline{INT0}$、外部中断 1 输入 $\overline{INT1}$、定时器 T0 的外部输入 T0 和定时器 T1 的外部输入 T1。由于端口不作为通用 I/O 口，所以，"读引脚"信号无效，三态缓冲器 1 截止。此时，第二输入功能信号经缓冲器 4 被送入第二输入功能端。

▶知识点 2　常用的 LED 驱动电路

在单片机外围电路中，LED 驱动电路是最简单的 I/O 驱动电路，常用的 LED 驱动电路如图 2-5 所示。

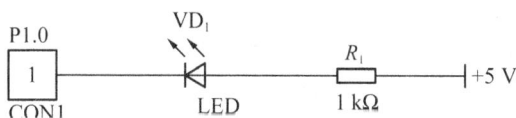

图 2-5　常用的 LED 驱动电路

图 2-5 中，发光二极管 VD_1 通过单片机 P1.0 端口驱动，电阻 R_1 起限流作用，取 1 kΩ 时电流约为 5 mA，限流电阻的大小要依据 LED 的额定电流选取。电路特点：驱动 LED 发光的电流来自外部电源(图中＋5 V 电源)，而非单片机，克服了单片机 I/O 端口驱动能力不足的问题。

单片机的控制方法：当 P1.0 为 0(低电平)时，LED 发光；当 P1.0 为 1(高电平)时，LED 不发光。

▶知识点 3　51 单片机的简单 C 语言程序结构

1. 最简 C 语言程序的结构

一个最简单的 C 语言程序结构，如程序 2-1 所示。程序 2-1 中，注释行只起说明作

用，程序由两部分组成：♯include 预处理指令和 main()主函数。

程序 2-1：简单 51 单片机 C 语言程序结构

```
♯include <reg51.h>  //注释：(1)51 单片机头文件,其中定义了 51 单片机的特殊功能寄
存器
    void  main(void)  //注释：(2)main()主函数
    {
        P1＝0x01；
    }
```

本程序执行一条 P1＝0x01 赋值语句后结束，程序功能说明：P1 是单片机的 I/O
端口，有 8 个引脚，分别为 P1.0～P1.7；0x01 是 16 进制数(0000 0001)；P1＝0x01 赋
值语句，是让 P1.0 引脚输出 1(高电平)，让 P1.1～P1.7 这 7 个引脚输出 0(低电平)。

2. 一个典型的 C 语言程序

学习单片机 C 语言程序设计，最好的入门方法是学习模仿经典程序案例，试分析
下面用 P1 端口控制 8 个 LED 程序 2-2 的功能：

程序 2-2：

```
    ♯include <reg51.h>        //此文件中定义了 51 单片机的一些特殊功能寄存器
    void delay(unsigned int i);   //声明延时函数
    void  main(void)
    {
        P1  = 0xaa；
        while(1)              //无限循环
        {
            //循环体
            delay(600)；       //延时函数调用
            P1=～ P1；        //取反
        }
    }
    /＊＊＊＊＊＊＊延时函数＊＊＊＊＊＊＊＊＊/
    void delay(unsigned int i)
    {
        unsigned char j；
        for(i；i>0；i——)
        {
            for(j=255；j>0；j——)；
        }
    }
```

程序的执行过程：程序从 main()主函数进入后，首先执行 P1＝ 0xaa 语句，把 16
进制数 0xaa(1010 1010)赋给 P1 寄存器，使 P1.0～P1.7 端口输出 10101010；然后进入
无限循环执行循环体，调用 delay(600)延时，接着 P1 取反，使 P1.0～P1.7 端口输出

01010101，如此反复。由上述程序执行过程，我们知道此程序功能是控制 8 个 LED 间隔交替点亮。

如果读者对 C 语言比较陌生，可参考相关资料学习，本教材对 C 语言的基础知识不作详细阐述。

▶知识点 4　Proteus 仿真软件的使用

想要学好单片机，必须建立在软件和硬件相结合的综合实验上，所以对于单片机的初学者，面对开发板价格高、需要自己动手焊接等问题，容易造成大家的畏难情绪，导致学习热情不高。Proteus 是一款功能强大的综合性软件，它的优势在于可以完成 51 系列单片机及外围电路的可视化仿真，从而可以很好解决这些问题，只要一台计算机装上 Proteus 软件，就可以方便地实现程序的编辑、硬件的仿真，对于初学者来说十分方便。

1. 软件的获得

可以在互联网上搜索，获取 Proteus 软件的下载资源，也可向教师获取 Proteus 软件安装包。

2. 软件的安装

如果已经获取了 Proteus 软件的安装文件，接下来就可以进行软件的安装工作了。

(1)打开安装文件

在下载好的安装包中，找到安装 Setup 文件，双击安装文件，会出现图 2-6 安装欢迎界面，单击"Next"。

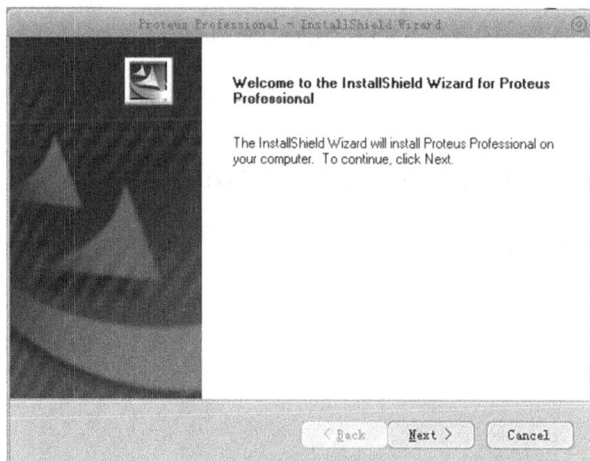

图 2-6　欢迎窗口

(2)接受注册协议

出现如图 2-7 所示的窗口，单击"Yes"。

图 2-7　注册协议窗口

（3）安装类型选择

出现如图 2-8 所示的窗口，选择安装类型后，单击"Next"。

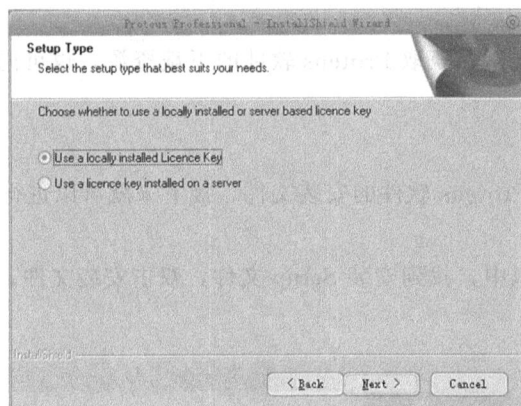

图 2-8　安装类型窗口

（4）注册表注册

①弹出注册信息窗口如图 2-9 所示，单击"Next"。

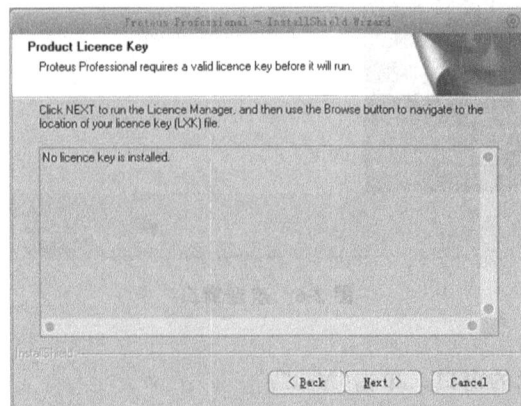

图 2-9　注册表注册窗口

②弹出窗口如图 2-10 所示，单击"Browse For Key File"。

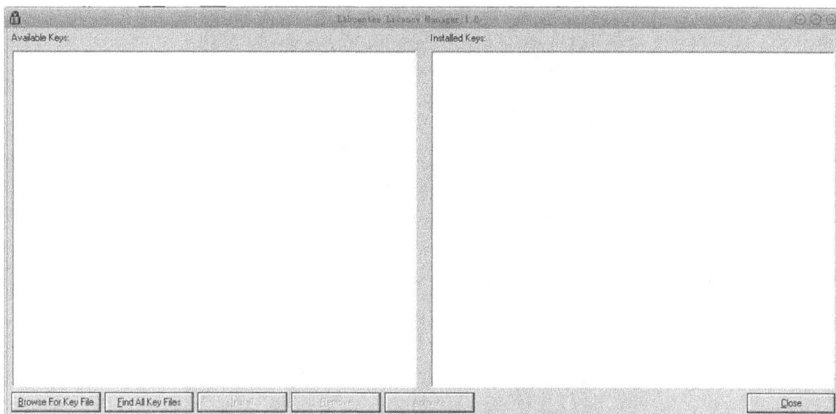

图 2-10　注册表添加窗口

③弹出窗口如图 2-11 所示，找到安装包文件夹中的 LICENCE.lxk 文件，选中，单击"打开"。

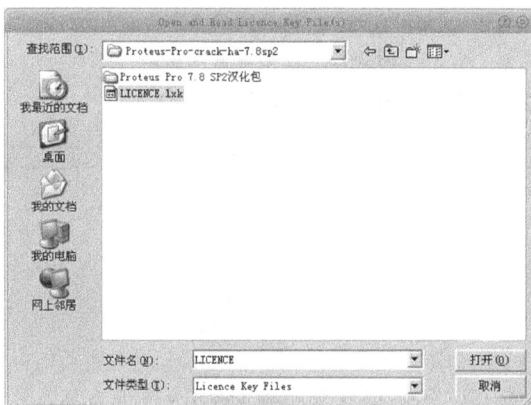

图 2-11　注册表添加窗口

④弹出窗口如图 2-12 所示，单击"Install"。

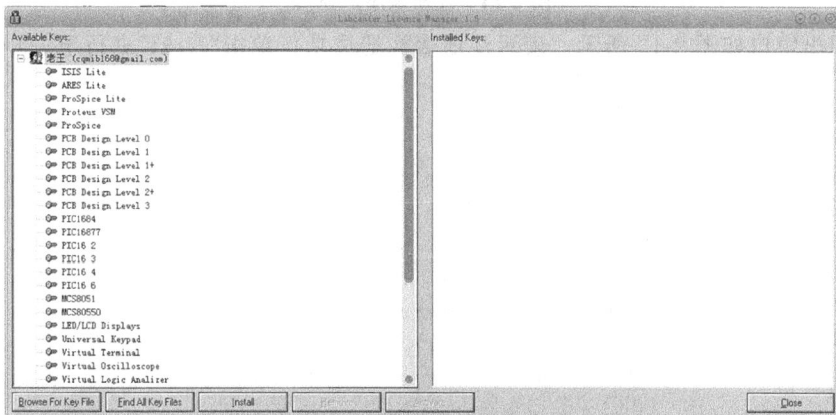

图 2-12　注册表安装窗口

⑤弹出窗口如图 2-13 所示，单击"是"。

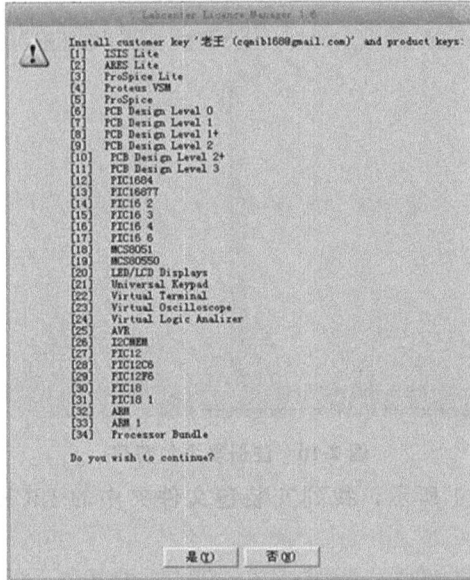

图 2-13　注册表管理窗口

⑥弹出窗口如图 2-14 所示，单击"Close"。

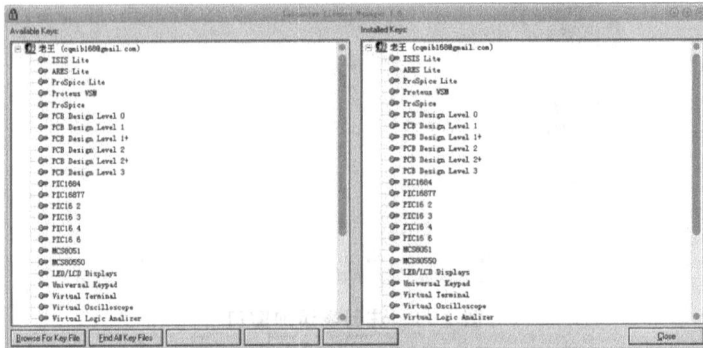

图 2-14　注册表添加窗口

⑦弹出窗口如图 2-15 所示，表示注册表注册成功，单击"Next"进行下一步操作。

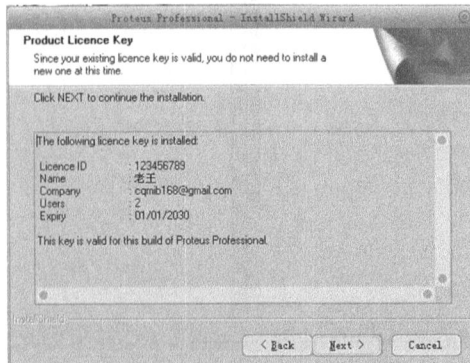

图 2-15　注册表注册成功窗口

(5)选择安装路径

在如图 2-16 所示的选择安装路径的窗口中，可以单击"Browse"来选择此软件相关组件安装在计算机的指定路径中，选择好后，单击"Next"。

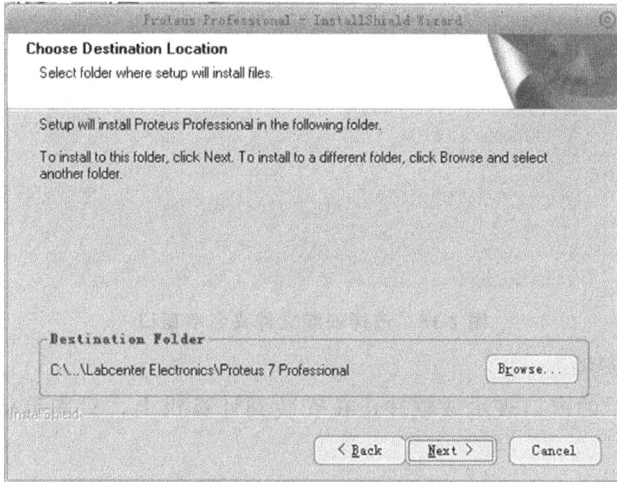

图 2-16 选择安装路径窗口

(6)选择软件使用功能组件

在如图 2-17 所示的窗口中，勾选需要用到的相关功能，单击"Next"。

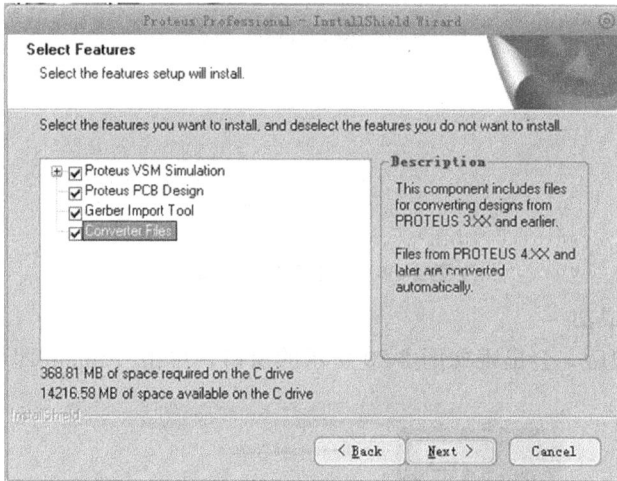

图 2-17 使用功能选择窗口

(7)选择软件安装文件夹的名字

在如图 2-18 所示的窗口中，修改所要安装软件相关组件存放的文件夹的名称，也可以使用默认的文件夹名字"Proteus 7 Professional"，单击"Next"。

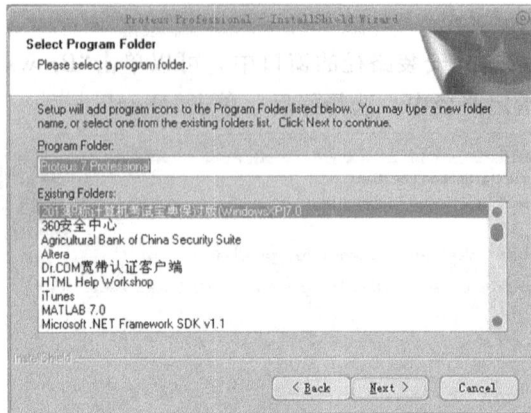

图 2-18　选择安装文件夹名字窗口

（8）软件正在安装

如图 2-19 所示的窗口表示该软件正在安装到计算机上，只需等待进度条满格代表软件安装完成。

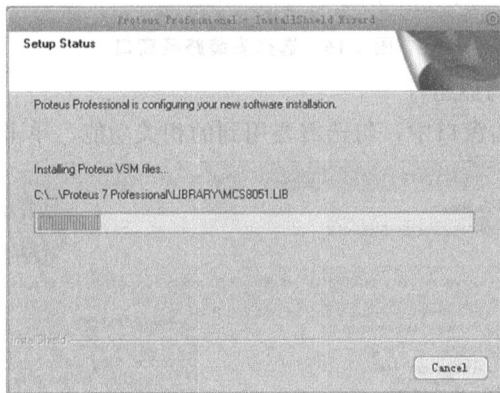

图 2-19　软件正在安装窗口

（9）软件安装成功

软件安装成功后，会出现如图 2-20 所示的窗口，单击"Finish"即可。

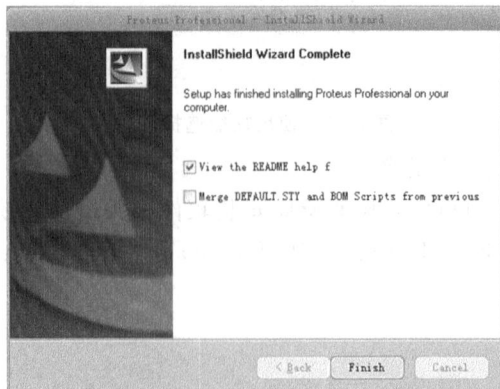

图 2-20　软件安装成功窗口

（10）程序升级破解

①在安装包文件夹中，找到破解文件，双击破解文件，弹出如图 2-21 所示的窗口，选择目标文件夹为刚已经安装好软件存放的指定路径，单击"升级"即可。

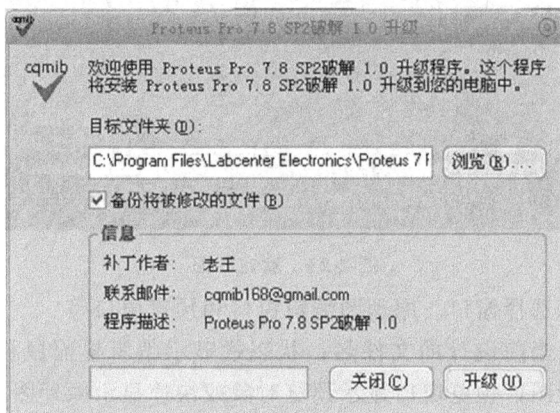

图 2-21　升级窗口

②出现如图 2-22 所示的窗口，证明升级成功，单击"确定"。

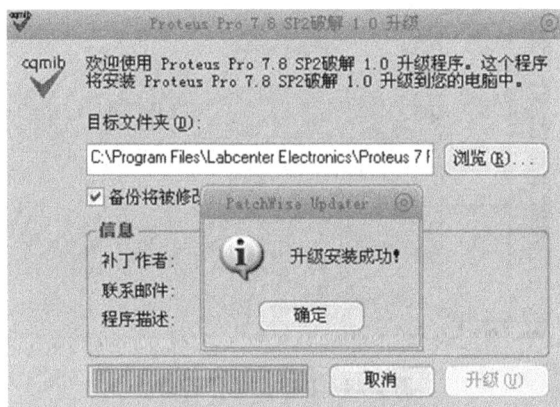

图 2-22　升级成功窗口

3．软件的使用

由于我们单片机平台都是使用真实的硬件平台，此款软件为虚拟硬件平台，所以这里只为大家简单介绍此仿真软件的基本用法。如果有兴趣，同学们可以在网上搜索此软件使用的相关资料，全面学习 Proteus 软件的用法和功能。

（1）运行

安装成功后，不会自动生成桌面快捷方式图标，要在"开始"进入"所有程序"找到刚安装好的程序。Proteus 软件主要包含以下两个部分：ISIS（可以完成原理图设计及仿真）、ARES（可以完成 PCB 设计）。图 2-23 为打开程序的欢迎界面。

（2）ISIS 基本操作界面简介

图 2-24 所示为 ISIS 的操作界面，主要包括标题栏、工具栏、菜单栏、状态栏、仿

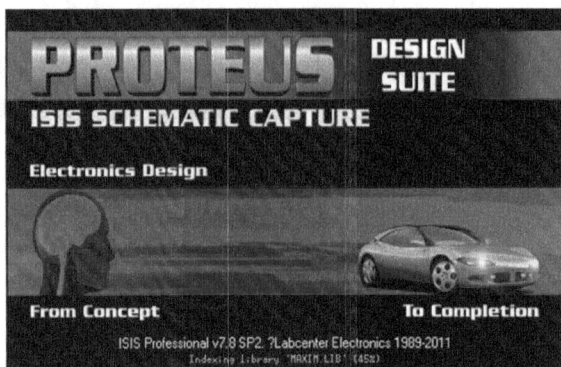

图 2-23 欢迎界面

真进程控制栏、对象选择窗口、原理图编辑窗口和预览窗口等。

标题栏可以显示当前设计的文件名；状态栏显示编辑界面鼠标的坐标；原理图编辑界面用于绘制原理图；预览窗口显示预览对象或快速显示原理图。

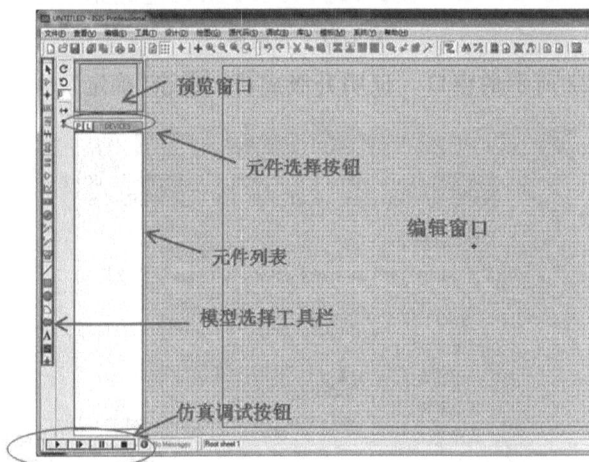

图 2-24 ISIS 主操作界面

知识点 5   51 单片机 KEIL 开发环境的使用

1. 51 单片机 KEIL 开发平台搭建

51 单片机 KEIL 开发平台要求：需要一台 PC 和一份 KEIL 软件，KEIL 软件的版本为 KEIL μVision4，KEIL 软件安装后的启动界面如图 2-25 所示。

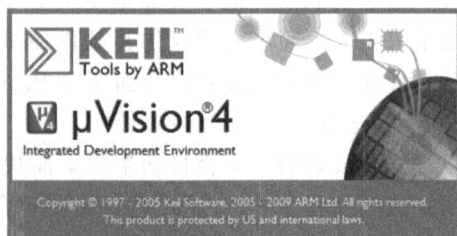

图 2-25 KEIL 软件启动界面

2. KEIL 开发环境的使用

51 单片机 KEIL 开发环境的使用步骤如下。

(1) 建立一个项目：单击 Project 菜单，选择弹出的下拉式菜单中的 New μVision Project，如图 2-26 所示，然后按提示进行。

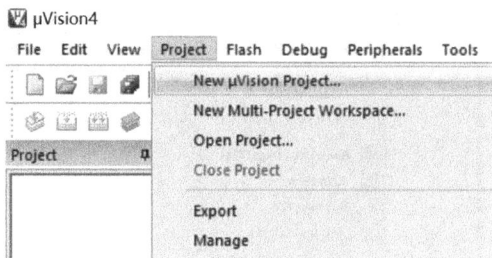

图 2-26　建立一个项目

(2) 选择单片机类型：这里我们选择常用的 Atmel 公司的 AT 89C51，如图 2-27 所示。

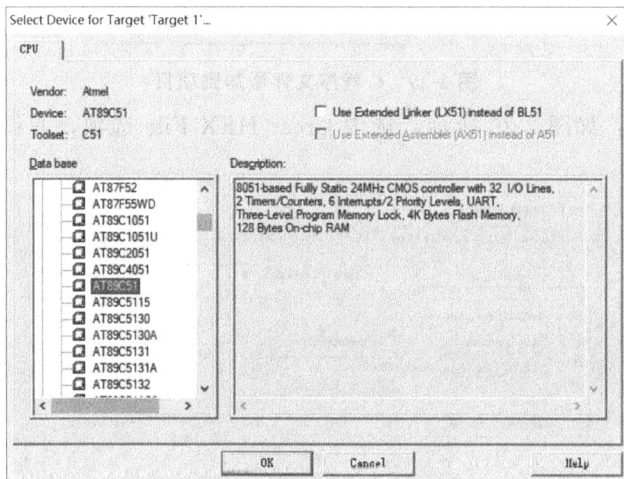

图 2-27　选择单片机类型

(3) 新建一个 C 语言程序文件：新建操作会建立一个默认名为 Text1 的文本文件，如图 2-28 所示，然后编写程序。

(4) 保存建立的程序文件：可以用菜单 File－Save 或快捷键 Ctrl＋S 进行保存，然后按提示进行，保存时需将程序命名为×××. c。

(5) 把 C 程序文件添加到项目中：右击 Source Group 1，选择 Add Files to Group 'Source Group 1'，如图 2-29 所示，然后按提示进行。

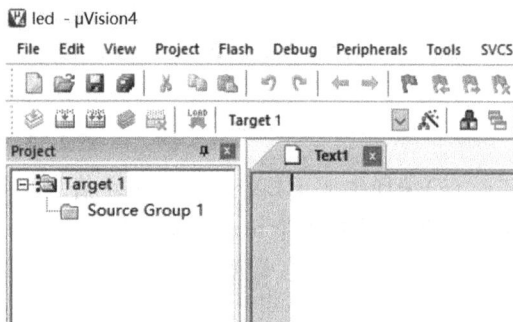

图 2-28　新建一个 C 语言程序文件

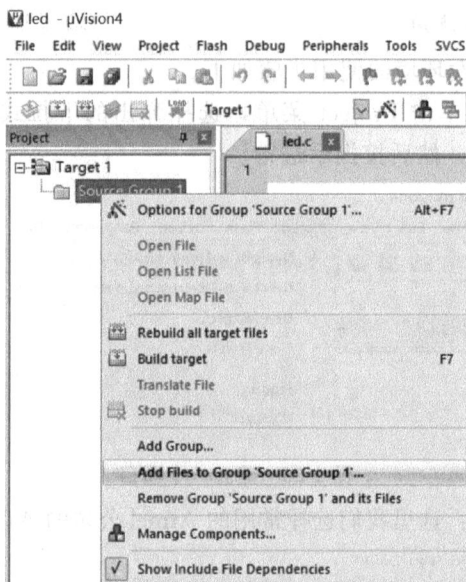

图 2-29　C 程序文件添加到项目

(6)输出设置：如图 2-30 所示，选中 Creat HEX File 选项，并设置生成的目标文件名为 test。

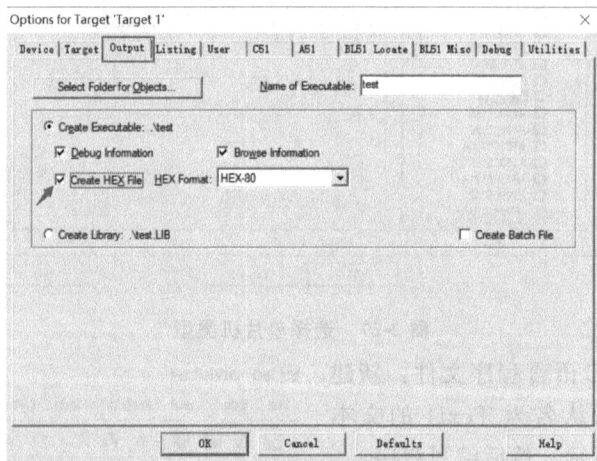

图 2-30　输出设置

(7)编译生成 HEX 文件：编译信息窗口如图 2-31 所示，我们看到没有错误和警告，并生成目标文件 test. hex。

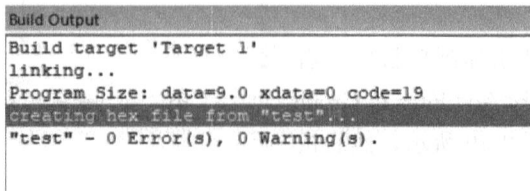

图 2-31　编译信息窗口

项目实施 ━━━━━━━━━━━━━━━━━━━━━━━━●

本次项目的实施过程，我们将分 3 个步骤进行：

(1)彩灯控制系统硬件电路设计及制作；

(2)编写控制程序；

(3)下载程序并调试彩灯控制系统完成项目控制功能。

一、彩灯控制系统硬件电路设计及制作

此项目要求使用 51 单片机控制 8 个 LED 灯完成依次点亮的功能，使用上一个项目中制作的单片机最小系统连接一个 LED 驱动电路即可。因此，此项目主要设计并制作 8 个 LED 灯的驱动电路。

1.8 个 LED 的驱动电路设计

8 个 LED 驱动电路原理图，设计参考，如图 2-32 所示。

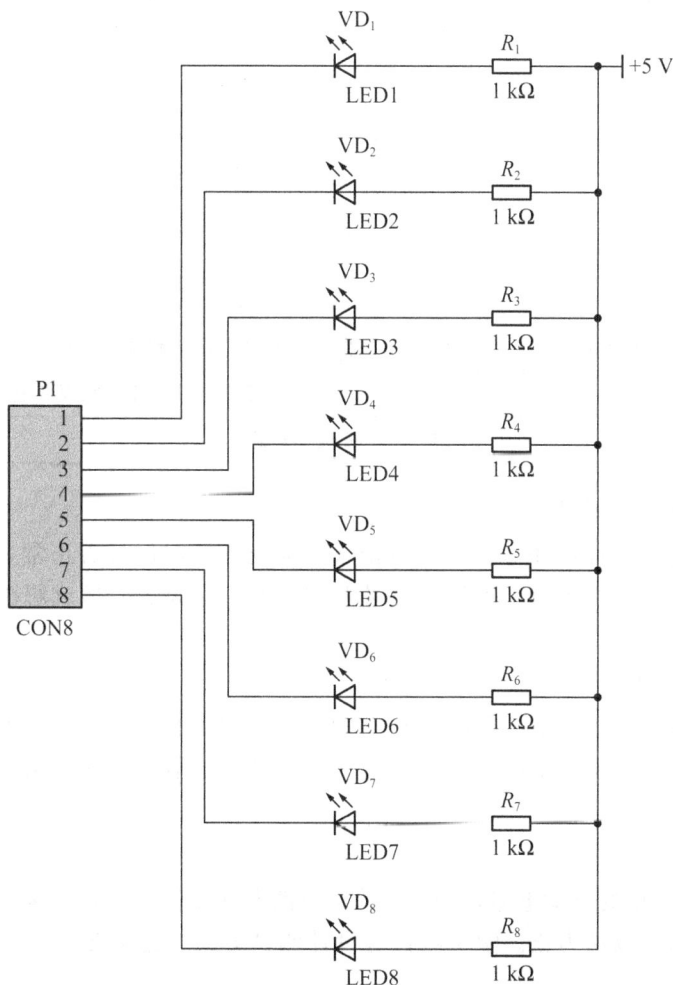

图 2-32　8 个 LED 的驱动电路原理图

2. 元件清单制作

依据图 2-32 所示电路原理图，制作 8 个 LED 的驱动电路模块，列出与其对应的元件清单，如表 2-1 所示，其中各元件封装需自选定。

表 2-1　8 个 LED 的驱动电路元件清单

元件	型号	封装(自选)	数量	备注
电阻	1 kΩ		8	
发光二极管	LED		8	
排插	8 针		2	
万用板	自选		1	

3. 所需工具及器材准备

所需工具器材及说明如表 2-2 所示。

表 2-2　所需工具器材及说明

工具或器材	数量	说明
电烙铁	1 支	
电烙铁架	1 台	
焊锡丝	1 卷	建议 0.5～0.7 mm
万用表	1 台	
松香	1 块	
直流电源	1 个	5 V 直流电源，测试电路用
8 个 LED 的驱动电路图	1 份	采用图 2-13 所示电路原理图(可自行设计)
元件清单	1 份	见表 2-1(可按自行设计的原理图制作元件清单)
元件包	1 袋	按表 2-1 提前采购

4. 元器件识别及检查

正确识别各元器件，并做上标记或记录；检查各元器件是否正常，如有异常立即更换。教师在这个教学环节，提供及时必要的指导，引导学生形成解决问题的思路和方法。

5. 组装焊接电路模块

利用准备的工具和器材，制作 8 个 LED 的驱动电路模块。教师在此过程中，可通过巡查发现学生实践操作中的不正确之处，并及时指导学生正确的按时按要求完成电路模块的焊接组装任务。

6. 测试电路

测试 8 个 LED 的驱动电路，是为了检查电路制作是否成功，如果不成功，要查找问题的原因，直至成功为止。学生需自行设计测试方案，记录分析测试结果，提交测试报告。

二、编写控制程序

1. 建立一个名为 LED 的开发项目

要求：在桌面上建立一个名为 LED 的文件夹，并在文件夹中建立一个名为 LED 的项目。

2. 建立一个名为 LED.c 的 C 语言程序文件

要求：建立一个名为 LED.c 的 C 语言程序文件，并添加到 LED 的项目中。

3. 编写 8 个 LED 彩灯的控制程序

在 LED.c 的 C 语言程序文件中，编写 8 个 LED 彩灯的控制程序，控制要求：循环依次序点亮 8 个 LED，每个 LED 点亮的时间约 0.5 s。参考程序 2-3。

程序 2-3：

```
#include <reg51.h>          //此文件中定义了 51 单片机的一些特殊功能寄存器
void delay(unsigned int i);  //声明延时函数
void  main(void)
{
    char LED[8]={0xfe,0xfd,0xfb,0xf7,0xef,0xdf,0xbf,0x7f};  //灯的 8 个状态值
    int i;
    for ( i=0; i < 8; i++)
    {
        P1=LED[i];
        delay(600);
    }
}
/********延时函数********/
void delay(unsigned int i)
{
    unsigned char j;
    for(i; i>0; i--)
    {
        for(j=255; j>0; j--);
    }
}
```

4. 生成名为 LED.hex 的目标文件

检查编写的程序有没有错误，如果没有错误，可以编译生成名为 LED.hex 的目标文件。观察编译信息窗口中的信息，如果生成 LED.hex 并且没有错误提示，那么编译成功，否则要根据错误提示修改程序直至正确生成目标程序为止。

三、下载程序并调试彩灯控制系统完成项目控制功能

程序编写完成后，需要下载到单片机中运行调试，检验是否能实现控制功能。

1. 硬件连接

首先将制作好的单片机开发板通过通信串口与计算机相连，保证单片机开发板与计算机能够正常通信。

2. 打开软件

单击 ISP 下载软件图标，打开 ISP 下载软件窗口如图 2-33 所示，并将通信参数设置成图中所示的参数。

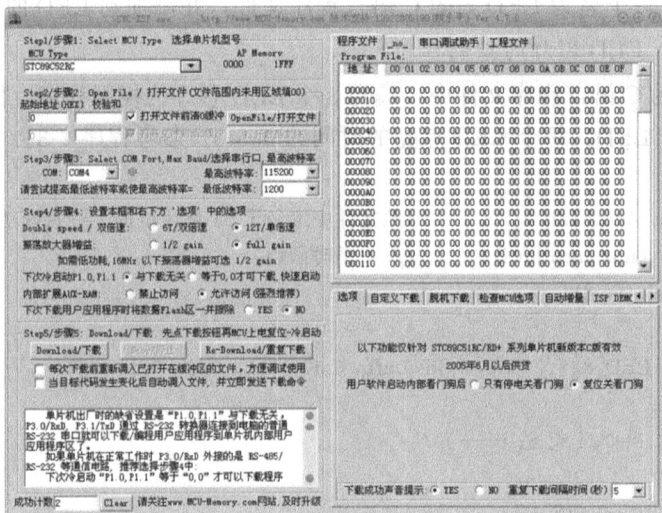

图 2-33　下载窗口

3. 选择芯片型号

如图 2-34 所示，单击"MCU Type 下拉箭头"，选择当前单片机系统使用的单片机芯片型号。

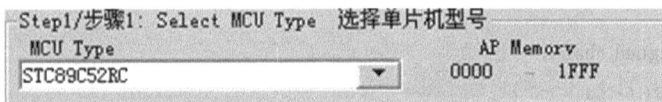

图 2-34　单片机型号选择窗口

4. 选择烧录文件

如图 2-35 所示，选择要烧录到单片机系统中的文件，单击"Open File/打开文件"，由于在前面"二、编写控制程序"中，我们已经生成了要烧录的 LED.hex 的目标文件，找到此文件存放的路径，并选中该文件即可。

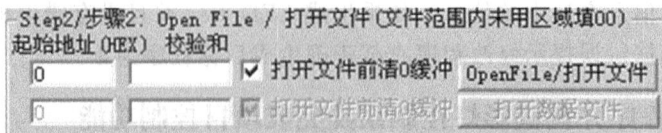

图 2-35　烧录文件选择窗口

5. 选择串行端口和波特率

如图 2-36 所示，选择计算机与单片机开发板的通信 COM 端口和波特率。

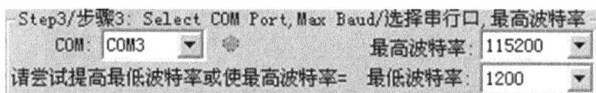

图 2-36 通信及波特率选择窗口

如果不确定当前使用的哪一个串口与单片机开发板通信的，可以选中"我的电脑"，右击选择"属性"这一栏，会弹出"系统属性"，如图 2-37 所示，切换到硬件界面，单击"设备管理器"，弹出设备管理器窗口，如图 2-38 所示，选择"端口"，查看一下当前的通信端口即可。

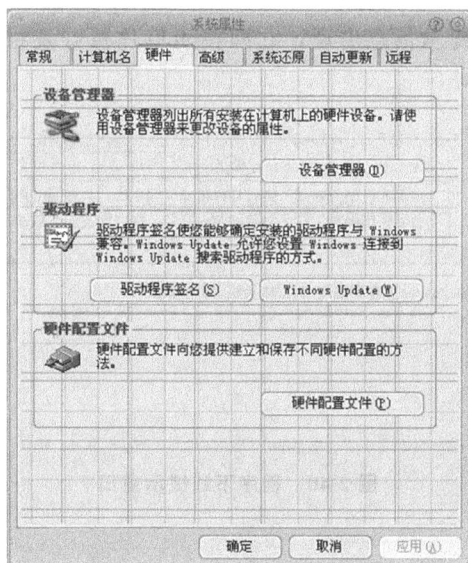

图 2-37 系统属性窗口

图 2-38 设备管理器窗口

6. 下载程序

如图 2-39 所示，单击"Download/下载"按钮。

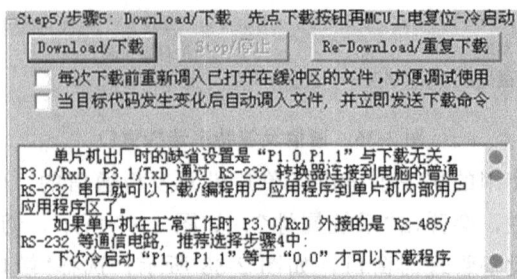

图 2-39　程序下载窗口

如图 2-40 所示，等提示信息出现，立即关闭单片机开发板电源，再重新上电，即可完成下载。

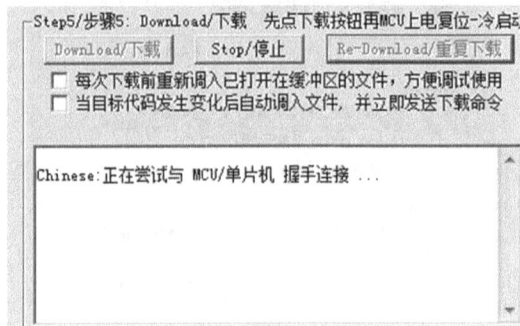

图 2-40　程序下载提示窗口

7. 程序下载完成

下载完成时，出现如图 2-41 提示。

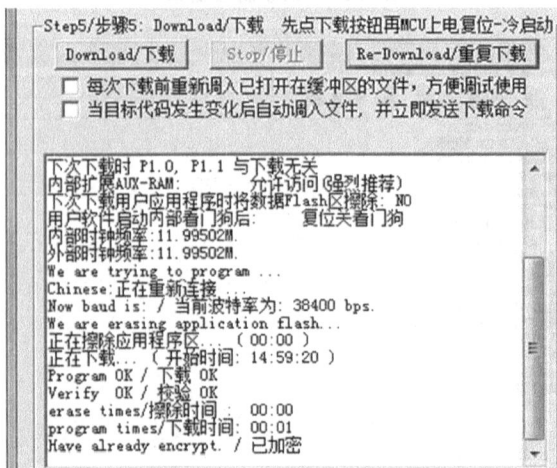

图 2-41　程序下载成功窗口

如果下载不成功，在窗口中也能看见相应不成功的原因提示，如图 2-42 所示，由于串口连接错误导致单片机开发板与计算机通信错误。

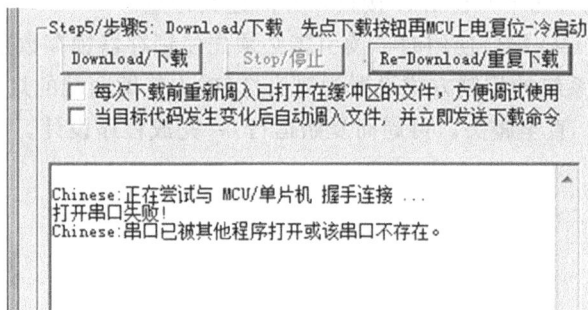

图 2-23　程序下载不成功提示窗口

下载完成后，断开电源，拔下通信线，单片机开发板即可上电使用了。

8. 检验系统运行状态

程序下载到单片机中后，系统自动开始运行，检查当前彩灯控制系统的 8 个 LED 灯是否满足项目控制要求，循环依次点亮。若功能符合，则系统设计并制作完成。

项目测评

项目 2　彩灯控制系统测评表						
项目实施内容	评价内容	评价依据	优秀	良好	合格	继续努力
硬件电路设计 （30 分）	电路原理图仿真设计	能否正常仿真，功能无误				
	彩灯控制接口电路焊接制作	焊接工艺				
软件设计 （50 分）	单片机编程整体结构	1. 结构完整 2. 语法正确				
	延时子程序	1. 功能完整 2. 语法正确				
	单片机并行接口控制程序	1. 功能完整 2. 语法正确				
项目调试 （20 分）	程序正确性	有无语法错误				
	功能完整度	完成功能数				
总评						

思考与练习

1. 8051 单片机有几个并行 I/O 接口，并简述其特点。

2. 作为通用的 I/O 端口使用时，读引脚必须先使锁存器锁存数字"1"，为什么？

3. 将彩灯控制系统的控制方式设置为碰头灯(碰头灯即两端的灯先亮，间隔一段时间后均往中间移动，直至碰头，再周而复始运行)，完成程序设计。

项目 3　脉冲发生器

项目描述

定时器/计数器是单片机重要的组成部分，应用程序大多是以时间为轴线进行，因此定时器的使用频率很高。本项目要求使用 51 单片机制作脉冲发生器，能固定输出周期为 1 s 的脉冲信号。

学习目标

【知识目标】

1. 了解定时器/计数器的基本结构与原理；

2. 掌握定时器/计数器的控制与工作方式；

3. 掌握定时器/计数器初始化方法；

4. 熟悉 51 单片机的 C 语言基本语法。

【技能目标】

1. 学会启动定时器/计数器工作的方法；

2. 能够根据项目要求完成定时器的选择与定时功能实现。

【素质目标】

1. 加强品德修养，培养良好的学习习惯和行为习惯；

2. 增长知识，提高能力，培养科学精神、科学方法和科学态度。

相关知识

在各种应用系统中，常常需要有实时时钟以实现定时控制或对外部事件进行计数的情况。由我们学过的电路知识可知：硬件定时与计数的实质是一样的。单片机中定时计数功能的实现主要有两种方法：方法一，由 CPU 利用软件编程来实现，但是这种方法在定时过程中会占用 CPU，因此这种方法是以降低 CPU 的效率为代价的；方法二，使用硬件定时器/计数器来实现，几乎所有的单片机内部都有这样的定时计数器。MCS-51 子系列单片机内部有两个可编程的定时器/计数器 T0 和 T1；MCS-52 子系列中除这两个定时器外，还增加了一个定时器/计数器 T2。

定时器/计数器是单片机应用系统中常用的重要部件，一旦启动，便可与 CPU 并行工作。因此，学习定时器的编程方法，灵活地选择和运用其工作方式，对提高 CPU 的工作效率和简化外围电路大有益处。

▶知识点 1　定时器的基本结构与基本原理

MCS-51 子系列单片机内部有两个可编程的定时器/计数器 T0 和 T1；MCS-52 子

系列中除这两个定时器外，还增加了一个定时器/计数器 T2。本项目主要介绍 80C51 的两个定时计数器的结构、原理、工作方式及其应用。

1. 逻辑结构

80C51 单片机内部有两个 16 位可编程的定时器/计数器：定时器 0(T0)和定时器 1(T1)。它们都具有定时和计数功能，可用于定时或延时控制以及对外部事件检测计数等。80C51 定时器/计数器的逻辑结构，如图 3-1 所示。

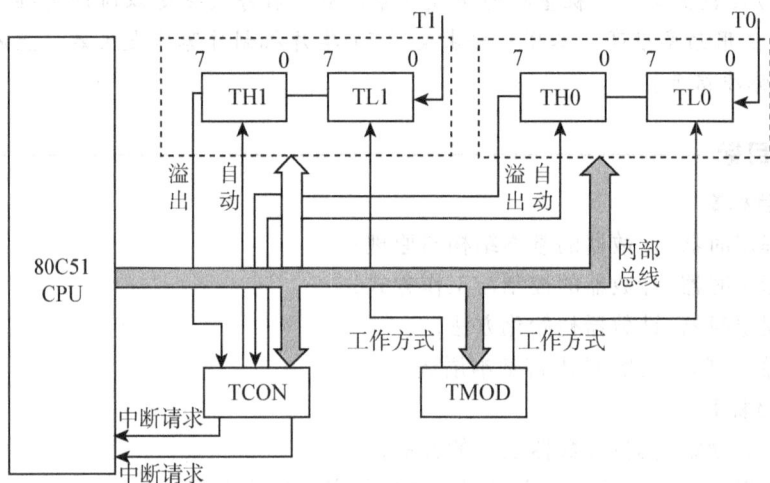

图 3-1　定时器/计数器的逻辑结构

CPU 通过内部总线与定时器/计数器交换信息。每个 16 位的定时器/计数器分别包括两个 8 位专用寄存器(定时器 T0 由 TH0 和 TL0 构成，定时器 T1 由 TH1 和 TL1 构成)，用于存放各自的定时或计数初始值。此外，单片机内部还有 2 个 8 位的专用寄存器 TMOD 和 TCON。其中 TMOD 是定时器的工作方式寄存器，TCON 是控制寄存器，主要用于对定时器/计数器进行管理与控制。

2. 定时器/计数器的工作原理

定时器/计数器的核心是一个加 1 计数器。它有 2 个工作模式：定时工作模式和计数工作模式。

当定时器/计数器工作在定时工作模式时，它对机器周期计数(这时计数器的计数脉冲由振荡器的 12 分频信号产生)，即每经过一个机器周期，计数值加 1，直至计满溢出，使对应的溢出标识置 1，若相应的中断是开放的，这时可向 CPU 申请中断。

因为一个机器周期由 12 个振荡脉冲组成，所以定时工作方式下计数频率为振荡频率的 1/12。当晶振频率 $f_{osc}=12$ MHz 时，计数频率$=1$ MHz，或计数周期$=1$ s。从开始计数到溢出的这段时间就是所谓"定时"时间。在机器周期固定的情况下，定时时间的长短与定时器事先装入的初值有关，装入的初值越大，定时时间越短。

当定时器/计数器工作在计数工作模式时，它对来自外部引脚 T0(P3.4)和 T1(P3.5)上的脉冲信号计数。当 T0 或 T1 引脚上输入的脉冲信号出现由 1 到 0 的负跳变时，计数器值加 1，具体工作过程为：CPU 在每个机器周期的 S5P2 期间采样 T0 和 T1

引脚的输入电平,若前一个机器周期采样值为 1、后一个机器周期采样值为 0,则在紧跟着的再下一个周期的 S3P1 期间,计数器的计数值加 1。因此,检测一个从 1 到 0 的负跳变需要 2 个机器周期,即 24 个振荡周期,故最高计数频率为振荡频率的 1/24。另外,虽然单片机对外部输入信号的占空比没有特殊要求,但为了确保某个给定电平在变化前至少被采样一次,要求高电平(或低电平)保持时间至少 1 个完整的机器周期。

当通过 CPU 用软件设定了定时器 T0 或 T1 的工作模式后,定时器就会按设定的工作方式与 CPU 并行运行,不再占用 CPU 的操作时间,除非定时器计满溢出,才可能中断 CPU 的当前工作。

80C51 中的定时器/计数器有 4 种工作方式可供选择,即定时器/计数器可构成 4 种电路结构模式(T1 只有 3 种)。

▶知识点 2 定时器/计数器的控制与工作方式

80C51 单片机内部的定时器/计数器为可编程的定时器/计数器,即可以通过软件设置这些专用寄存器,以达到控制定时器/计数器实现不同功能的目的。80C51 单片机内部的定时器/计数器可设置为 4 种工作方式,由两个 8 位专用寄存器 TMOD 和 TCON 进行管理与控制。其中 TMOD 用来控制定时器的工作方式。TCON 可以用作中断溢出标志和控制定时器的启、停等。在定时器/计数器工作前必须由 CPU 通过一些命令将控制字写入专用寄存器 TMOD 和 TCON 中,以定义定时器/计数器的工作模式、工作方式和实现控制功能;并给对应的定时器/计数器(TH、TL)赋初值。

1. 定时器/计数器的管理与控制

(1)工作方式寄存器 TMOD

工作方式寄存器 TMOD 用于定义 T0 和 T1 的工作模式、选择工作方式以及启动定时/计数的方式等。TMOD 的格式如下:

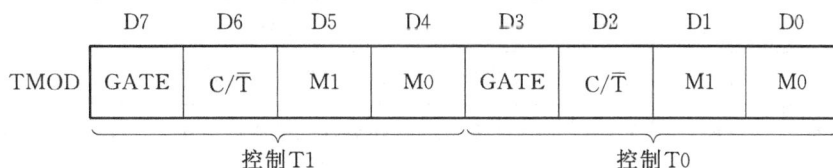

	D7	D6	D5	D4	D3	D2	D1	D0
TMOD	GATE	C/$\overline{\text{T}}$	M1	M0	GATE	C/$\overline{\text{T}}$	M1	M0

控制T1 · · · · 控制T0

其中低 4 位用于定义定时器 T0,高 4 位用于定义定时器 T1。各位的作用分别如下。

①M1 和 M0:工作方式选择位。M1M0 的 4 种组合状态确定 4 种工作方式,如表 3-1 所示。

表 3-1 定时器/计数器的工作模式

M1M0	工作方式	功能说明
00	方式 0	13 位定时器/计数器
01	方式 1	16 位定时器/计数器

续表

M1M0	工作方式	功能说明
10	方式 2	自动重装入的 8 位定时器/计数器
11	方式 3	T0 分为两个 8 位计数器 T1 停止计数

②C/$\overline{\text{T}}$：定时、计数功能选择位。当 C/$\overline{\text{T}}$＝0 时，用作定时模式，对机器周期进行计数；当 C/$\overline{\text{T}}$＝1 时，用作计数模式，对来自外部引脚 T0(P3.4)和 T1(P3.5)的输入脉冲进行计数。

③GATE：门控位。用于选择定时器 T0 或 T1 的启动方式。即启动是否受外部引脚 $\overline{\text{INT0}}$ 或 $\overline{\text{INT1}}$ 的电平影响。当 GATE＝0 时，只要由软件使 TR0 或 TR1 置 1 就可启动定时器工作；当 GATE＝1 时，由外部引脚 $\overline{\text{INT0}}$ 或 $\overline{\text{INT1}}$ 和 TR0 或 TR1 共同控制定时器/计数器的启动，即在 GATE＝0 时，只有在 $\overline{\text{INT0}}$ 或 $\overline{\text{INT1}}$ 为高电平，且将 TR0 或 TR1 置 1 时，才能启动定时器/计数器 T0 或 T1 工作。

注意：TMOD 是特殊功能寄存器，在内部 RAM 中的地址为 89H，它不能按位寻址，只能用字节传送指令设置定时器的工作方式。复位时，TMOD 的所有位均清零。

(2)特殊功能寄存器 TCON

特殊功能寄存器 TCON 是定时器/计数器的控制寄存器，主要用于定时器/计数器 T0 或 T1 的启、停控制，标志定时器的溢出和中断情况等。TCON 的格式如下：

	D7	D6	D5	D4	D3	D2	D1	D0
TCON	TF1	TR1	TF0	TR0	IE1	IT1	IE0	IT0

TCON 寄存器功能如表 3-2 所示。

表 3-2　TCON 寄存器功能表述

位	符号	描述
TCON.7	TF1	定时器 T1 溢出标志位。由硬件置位，由软件清除
TCON.6	TR1	定时器 T1 运行控制位。由软件置或清除：置 1 为启动；置 0 为停止
TCON.5	TF0	定时器 T0 溢出标志位
TCON.4	TR0	定时器 T0 运行控制位
TCON.3	IE1	外部中断 1 边沿触发标志。由软件置或清除：置 1 为启动；置 0 为停止
TCON.2	IT1	外部中断 1 类型标志位。由软件来置 1 或清零
TCON.1	IE0	外部中断 0 边沿触发标志
TCON.0	IT0	外部中断 0 类型标志位。由软件来置 1 或清零

TCON 在内部 RAM 中的字节地址为 88H。它是可以位寻址的。当系统复位时，

TCON 的所有位均被清零。

2. 定时器/计数器的工作方式

定时器/计数器 T0 和 T1 有 4 种工作方式,即方式 0、方式 1、方式 2 和方式 3,它是通过软件对 TMOD 中 M1、M0 位的设置选择的。这 4 种工作方式的本质区别是 T0 (或 T1)的两个 8 位计数器 TH0、TL0(或 TH1、TL1)的计数范围和计数方式不同。在方式 0~方式 2 中,T0 和 T1 的用法基本一致,而方式 3 只有 T0 才有。

(1)方式 0

方式 0 是一个 13 位的定时器/计数器。图 3-2 所示为定时器/计数器 Tx(以下文中所述 x=0,1,如 Tx 对应定时器/计数器 T0 或 T1)在方式 0 下的逻辑结构图。

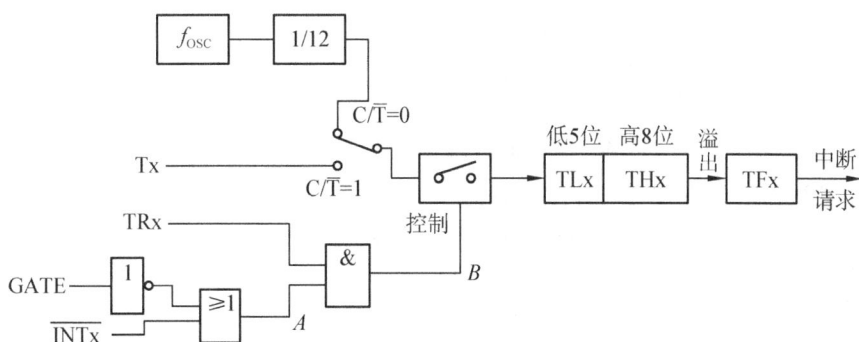

图 3-2 T0(T1)工作方式 0 逻辑结构

选择定时还是计数模式则受逻辑软开关 $C/\bar{T}$(TMOD 中的 $C/\bar{T}$ 位)控制。当 $C/\bar{T}=0$ 时,工作于定时器工作方式,计数器对机器周期计数,计数脉冲是由振荡器经 12 分频产生的。其定时时间按下式计算:

$$定时时间 = (2^{13} - 计数初值\ T_C) \times 机器周期$$

当 $C/\bar{T}=1$ 时,定时器工作于计数器工作方式,对外部输入端 T0 或 T1 的输入脉冲计数。当外部信号电平发生 1 到 0 跳变时,计数器加 1。其计数次数按下式计算:

$$计数次数 = 2^{13} - 计数初值\ T_C$$

13 位的加 1 计数器的启、停受逻辑门控制,如图 3-2 所示。

当 GATE=0 时,或门输出恒为 1,与 $\overline{INTx}$ 无关,只要 TRx=1,则与门输出为 1,控制开关接通计数器,允许 Tx 在原有值上做加 1 计数,直至溢出。溢出时,13 位计数器复 0,TFx 置 1,并申请中断,还可从 0 开始计数。若 TRx=0,则断开控制开关,停止计数。

当 GATE=1 时,计数器的启动同时受 TRx 和 $\overline{INTx}$ 控制。当 GATE=1 并且 TRx=1 时,则或门、与门输出仅受 $\overline{INTx}$ 控制。这时外部信号电平通过 $\overline{INTx}$ 引脚直接开启或关断计数通道。即当而 $\overline{INTx}$ 从 0 变为 1 则开始计数;若 $\overline{INTx}$ 从 1 变为 0,停止计数。应用这种控制方法可以测量在 $\overline{INTx}$ 输入端出现的外部信号的脉冲宽度。

(2)方式 1

定时器/计数器工作于方式 1 时,为一个 16 位的计数器。其逻辑结构、操作及运

行控制几乎与方式 0 一样，差别仅在于计数器的位数不同，如图 3-3 所示。在方式 1 中，TLx 和 THx 均为 8 位，TLx 和 THx 一起构成了 16 位计数器。用于定时工作方式 1 时，定时时间为：

$$定时时间 = (2^{16} - 计数初值\ T_{\text{C}}) \times 机器周期$$

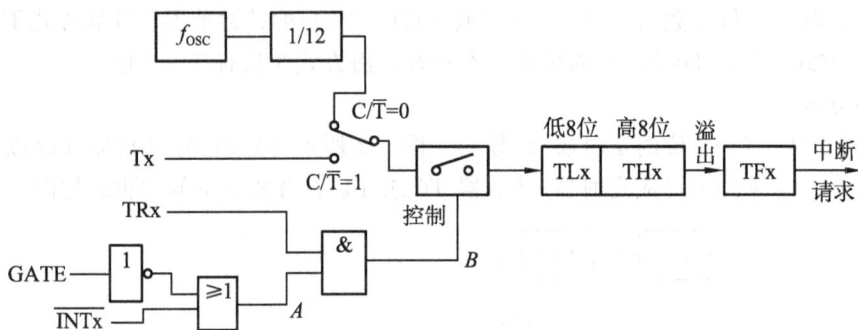

图 3-3　T0(T1)工作方式 1 逻辑结构

用于计数器工作方式时，计数次数为：

$$计数次数 = 2^{16} - 计数初值\ T_{\text{C}}$$

最大计数值为：

$$2^{16} - 0 = 65536$$

（3）方式 2

定时器/计数器工作于方式 2 时，将每个 16 位计数器的 THx、TLx 分成独立的两部分，分别组成一个可自动重装载的 8 位定时器/计数器。T0(T1)工作方式 2 逻辑结构如图 3-4 所示。

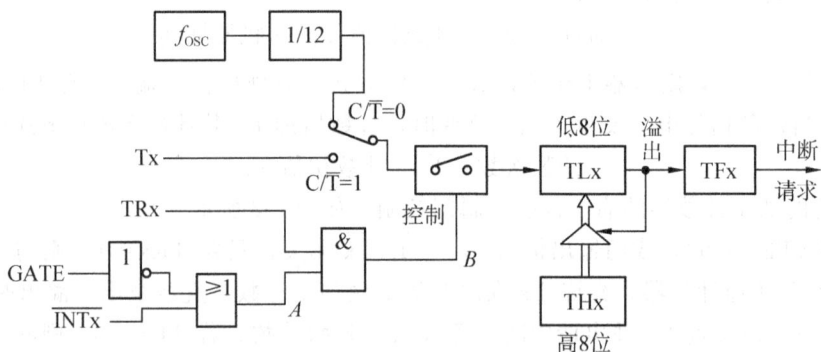

图 3-4　T0(T1)工作方式 2 逻辑结构

在方式 0 和方式 1 中，当计满溢出时，计数器 THx 和 TLx 的初值全部为 0，若要进行重复定时或计数，还需用软件向 THx 和 TLx 重新装入计数初值。而工作在方式 2 时，16 位计数器被拆成两个，TLx 用作 8 位计数器，THx 用以存放 8 位的计数初值。在程序初始化时，TLx 和 THx 由软件置为相同的初值。计数过程中，若 TLx 计数溢出，一方面将 TFx 置 1，请求中断；另一方面自动将 THx 中的初值重新装入 TLx 中，使 TLx 从初值开始重新计数。并可多次循环重装入，直到 TRx＝0 才停止计数。

方式 2 的控制运行与方式 0、方式 1 相同。

用于定时工作方式时，定时时间 t 为：

$$t = (2^8 - 计数初值\ T_c) \times 机器周期$$

方式 2 用于计数工作方式时，计数次数为：

$$计数次数 = 2^8 - 计数初值\ T_c$$

最大计数值(初值＝0 时)是 2^8。方式 2 特别适合于用作较精确的定时和脉冲信号发生器。

（4）方式 3

方式 3 只适用于定时器 T0。在方式 3 下，T0 被分成两个相互独立的 8 位计数器 TL0 和 TH0，如图 3-5 所示。

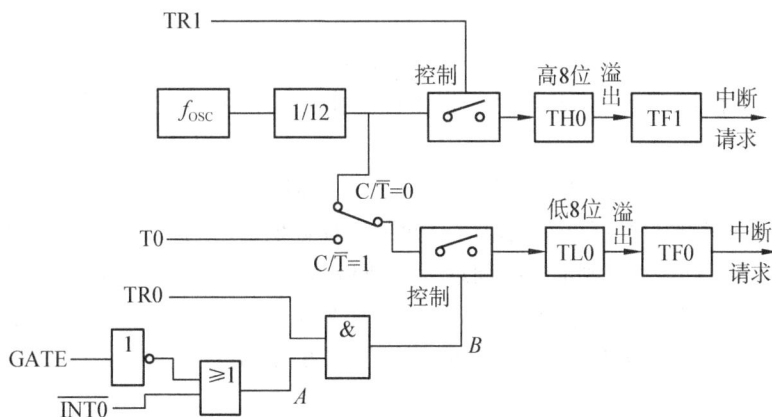

图 3-5　T0 工作方式 3 逻辑结构

当定时器 T0 工作于方式 3 时，TL0 使用 T0 本身的控制位、引脚和中断源，即 C/$\overline{\text{T}}$、GATE、TR0、TF0 和 T0(P3.4)引脚、$\overline{\text{INT0}}$(P3.2)引脚，并可工作于定时器模式或计数器模式。除仅用 8 位寄存器 TL0 外，其功能和操作情况同方式 0 和方式 1 一样。

由图 3-5 可知，TH0 只能工作在定时器状态，对机器周期进行计数，并且占用了定时器 T1 的控制位 TR1 和 TF1，同时占用了 T1 的中断源。TH0 的启动和关闭仅受 TR1 的控制。方式 3 为定时器 T0 增加了一个额外的 8 位定时器。

定时器 T1 没有方式 3 状态，若设置为方式 3，其效果与 TR1＝0 一样，定时器 T1 停止工作。

在定时器 T0 工作于方式 3 时，T1 仍可设置为方式 0～2。由于 TR1、TF1 和 T1 的中断源均被定时器 T0 占用，此时只能通过 T1 控制位 C/$\overline{\text{T}}$ 来切换定时或计数。在 T0 设置为方式 3 工作时，一般是将定时器 T1 作为串行口波特率发生器，或用于不需要中断的场合。

▶知识点3　定时器的应用举例

在项目 2 中我们已经学会了如何通过 I/O 口点亮或者熄灭 LED 彩灯,那接下来我们将利用单片机定时器的定时功能,实现 LED 的点亮与熄灭时间的控制。

1. 定时器的应用举例

利用定时器 T0 编程实现:与 P1.0 所接的 LED 以 0.4 ms 为周期闪烁,即 0.2 ms 点亮,0.2 ms 熄灭。

2. 应用实现方法

由于定时器/计数器的各种功能是由编程来设定的,所以在使用它之前,应对其进行编程初始化。初始化的主要内容是对 TCON 和 TMOD 进行设置,计算和装载 T0 和 T1 的计数初值。

(1)分析定时器/计数器的工作模式与工作方式,将方式字写入 TMOD 寄存器

我们要定时时间为 0.2 ms,由于有 4 种工作方式,用于定时工作方式时,定时时间 t 为:

$$t = (2^8 - \text{计数初值 } T_C) \times \text{机器周期}(1 \ \mu s)$$

这里我们使用方式 0 可以实现定时时间最大计数值(计数初值=0)为 8192 μs(2^{13})=8.192 ms,方式 1 可以实现定时时间最大计数值为 65536 μs(2^{16})=65.536 ms,方式 2 可以实现定时时间最大计数值为 256 μs(2^8)=0.256 ms,所以选择方式 2 就足够了。需要将方式寄存器 TMOD 中的 M1 和 M0 位设置成方式 2,实现语句程序 3-1。

程序 3-1:

```
TMOD=0x02;       // 工作在定时器 0 的方式 2
```

(2)计算 T0 或 T1 中的定时计数初值,并将其写入 TH0、TL0 或 TH1、TL1 寄存器中

由于方式 2 为自动重装载的 8 位定时器/计数器,用于定时工作方式时,定时时间本案例 t=0.2 ms,机器周期为 1 μs,所以利用公式计算得出 TC=256-200=56,换成十六进制为 T_C=0x38。所以 TH0 和 TL0 的初始值都为 0x38,实现语句如程序 3-2。

程序 3-2:

```
TH0=0x38;        // 设置重载值
TL0=0x38;        // 设置定时器初值
```

(3)启动定时器

启动定时器的操作是控制寄存器 TCON 中相应的控制位,由于本案例使用的 T0 定时器,所以我们需要控制位为 TR0,实现语句如程序 3-3。

程序 3-3:

```
TR0=1;           // 启动定时器 0
```

(4)通过查询方式判断定时器定时时间

通过查询方式(查询相应的 TF0 或者 TF1 定时器溢出标志位)来判断定时时间是否

到来,如果定时时间到(标志位会自动置 1),那么就做相应的控制操作;如果定时时间未到(标志位为 0),那么继续等待定时时间到,所以在用 C 语言编程时用 While 语句来实现,实现语句如程序 3-4。

程序 3-4:

```
While(TF0)
{
    P1_0=~P1_0;            //P1.0 口取反
    TF0=0;                 //标志溢出位清零
}
```

(5)完整的程序段如下:

```
#include<reg51.h>
sbit P1_0=P1^0;            //位定义
void main(void)
{
    TMOD=0x02;             // 工作在定时器 0 的模式 2 中
    TCON=0x00;             // 停止定时器,清除标志
    TH0=0x38;              // 设置重载值
    TL0=0x38;              // 设置定时器初值
    TR0=1;                 // 启动定时器 0
    While(TF0)
    {
        P1_0=~P1_0;        //P1.0 口取反
        TF0=0;             //标志溢出位清零
    }
}
```

📞 **项目实施** ━━━━━━━━━━━━━━━━━━━━━━━━━━━━━━━━●

　　根据项目要求,该脉冲信号发生器产生的脉冲信号周期为 1 s,根据图 3-6 所示的波形可知,定时时间为 0.5 s,但定时器的 4 种工作方式均不能实现直接定时 0.5 s 的时间长度,因此需要用定时器多次定时累积时间到 0.5 s。我们采用的方法为:使用定时器定时 10 ms,累计 50 次,即可达到 0.5 s 的定时时间。

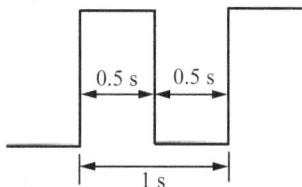

图 3-6　脉冲信号波形

通过上面的分析,我们发现要实现项目要求,关键要确定以下两点内容:

首先,要确定工作模式寄存器 TMOD 的值。定时 10 ms,可以使用定时器 T1 工

作于模式 1，则 TMOD 的高 4 位 GATE＝0，C/$\overline{T}$＝0，M1M0＝01，低 4 位取 0，即 TMOD＝0001 0000 B＝10H

其次，确定定时器的初值。根据定时时间公式 $t＝$（最大值－初值）×振荡周期×12，振荡周期＝1/外部晶振频率，可以得到

$$初值＝最大值－\frac{t}{振荡周期×12}＝最大值－\frac{外部晶振频率×t}{12}$$

而本项目中使用定时器 T1 工作在模式 1，计数的最大值为 65536，而定时的时间为 10 ms，则

$$T1 \text{ 初值}＝65536－\frac{外部晶振频率×10×10^{-3}}{12}＝65536－\frac{外部晶振频率}{12×100}$$

本项目的实施过程，我们将分 5 个步骤进行：

(1)建立一个名为 SquareWave 的开发项目；

(2)建立一个名为 SquareWave.c 的 C 语言程序文件；

(3)编写方波输出程序；

(4)生成名为 SquareWave.hex 的目标文件；

(5)下载程序并调试脉冲信号发生器完成项目控制功能。

一、建立一个名为 SquareWave 的开发项目

要求：在桌面上建立一个名为 SquareWave 的文件夹，并在文件夹中建立一个名为 SquareWave 的项目。

二、建立一个名为 SquareWave.c 的 C 语言程序文件

要求：建立一个名为 SquareWave.c 的 C 语言程序文件，并添加到 SquareWave 的项目中。

三、编写方波输出程序

在 SquareWave.c 的 C 语言程序文件中，编写脉冲输出程序，参考程序如程序 3-5。

程序 3-5：

```
#include <reg51.h>
sbit P1_1=P1^1;                    //位定义
#define FOSC 11059200L             //外部晶振频率
#define 10MS (65536-FOSC /12/100)  //定义定时初值
void main(void)
{
    int count=0;
    TMOD|=0x10;                    //T1 工作方式 1
    TH1=T10MS>>8;                  //10 ms 定时初值
    TL1=T10MS;                     //10 ms 定时初值
    TR1=1;                         //开定时器
```

```
    P1_1=1;
    while(1)
    {
        while(! TF1);                //等待 10 ms
        count++;
        TF1=0;                       //清标志位
        TH1=T10MS>>8;                //重置 10 ms 定时初始值
        TL1=T10MS;                   //重置 10 ms 定时初始值
        if(count==50)
        {
            P1_1=~P1_1;
            count=0;
        }
    }
}
```

四、生成名为 SquareWave. hex 的目标文件

检查编写的程序有没有错误，如果没有错误，可以编译生成名为 SquareWave. hex 的目标文件。观察编译信息窗口中的信息，如果生成 SquareWave. hex 并且没有错误提示，那么编译成功，否则要根据错误提示修改程序直至正确生成目标程序为止。

五、下载程序并调试脉冲信号发生器完成项目控制功能

本项目可以在 Proteus 仿真软件中进行仿真调试，将生成的 SquareWave. hex 文件下载到绘制好的仿真电路中，经过调试，可以在虚拟示波器中观察到单片机输出的脉冲信号的周期为 1 s，符合项目要求，如图 3-7 所示。

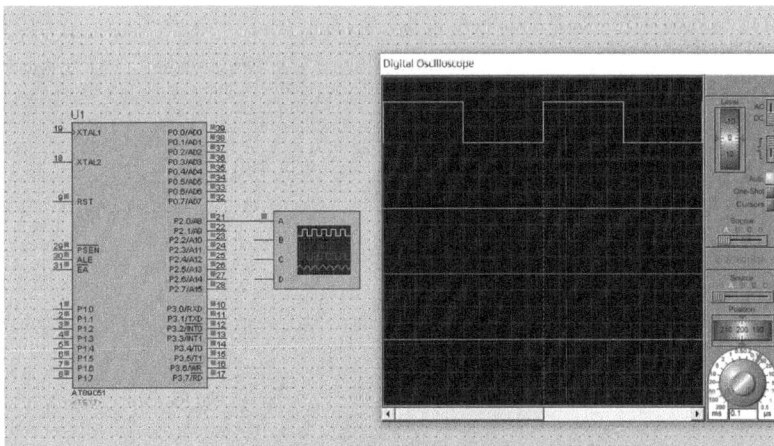

图 3-7　程序仿真运行结果

📝 **项目测评**

<table>
<tr><td colspan="7" align="center">项目3 脉冲发生器测评表</td></tr>
<tr><td>项目实施内容</td><td>评价内容</td><td>评价依据</td><td>优秀</td><td>良好</td><td>合格</td><td>继续努力</td></tr>
<tr><td rowspan="3">软件设计
（80分）</td><td>单片机编程
整体结构</td><td>1. 结构完整
2. 语法正确</td><td></td><td></td><td></td><td></td></tr>
<tr><td>初值的计算程序</td><td>1. 功能完整
2. 语法正确</td><td></td><td></td><td></td><td></td></tr>
<tr><td>单片机定时器
控制程序</td><td>1. 功能完整
2. 语法正确</td><td></td><td></td><td></td><td></td></tr>
<tr><td rowspan="2">项目调试
（20分）</td><td>程序正确性</td><td>有无语法错误</td><td></td><td></td><td></td><td></td></tr>
<tr><td>功能完整度</td><td>完成功能数</td><td></td><td></td><td></td><td></td></tr>
<tr><td>总评</td><td colspan="6"></td></tr>
</table>

📖 **思考与练习**

1. 定时器方式 0、方式 1 和方式 2 有什么区别？

2. 简述下面用的程序的具体功能。

```
#include <reg51.h>
sbit P1_1=P1^1;
#define FOSC 11059200L
#define TIME (256－FOSC /12/5000)
void main(void)
{
    TMOD|=0x20；
    TH1=TIME；
    TL1=TIME；
    TR1=1；
    P1.1=1；
    while(1)
    {
        while(! TF1)；
        TF1=0；
        P1_1=! P1_1；
    }
}
```

项目 4　串口彩灯控制系统

单片机串口通信是单片机应用中最重要的通信方式，是单片机工程师必备的技能。51 系列单片机可实现全双工串行通信功能。本项目要求使用 51 单片机的串行口控制一个彩灯控制系统。该系统上共装有 8 个 LED 灯，8 灯循环依次点亮，每灯点亮时间约为 0.5 s。

🎓 **学习目标**

【知识目标】

1. 了解串行通信基本方式、数据传送速率、数据传送方式以及通信协议；
2. 熟悉 51 单片机串行口的结构与工作原理；
3. 熟悉 51 单片机的串行口控制字与控制寄存器；
4. 掌握 51 单片机的串行通信工作方式；
5. 掌握串行通信收发速率波特率的设置。

【技能目标】

1. 掌握 51 单片机的串行通信工作方式的选择；
2. 掌握串行通信收发波特率的设置方法；
3. 掌握串口初始化函数的设计；
4. 掌握串口数据收发程序设计方法和技巧。

【素质目标】

1. 增长知识，提高能力，培养良好的学习方法和求真务实的学习态度；
2. 培养学生爱岗敬业精神、增强团结协作意识。

🔧 **相关知识**

串行通信是单片机的一个重要组成部分，它是 51 单片机与外部设备进行数据交互的媒介，MCS-51 系列单片机内部具有一个可编程全双工的异步串行通信 I/O 口。

▶ 知识点 1　串行通信认知

一、串行通信数据传送方式

串行通信的传送方式通常有三种：第一种是单向(或单工)配置，只允许数据向一个方向传送；第二种是半双向(或半双工)配置，允许数据向两个方向中的任一方向传送，但某一时刻只能有一个站点发送；第三种是全双向(全双工)配置，允许同时双向传送数据，因此，全双工配置是一对单向配置，它要求两端的通信设备都具有完整和独立的发送和接收能力。图 4-1 所示为串行通信中的数据传送方式。

（a）单工方式

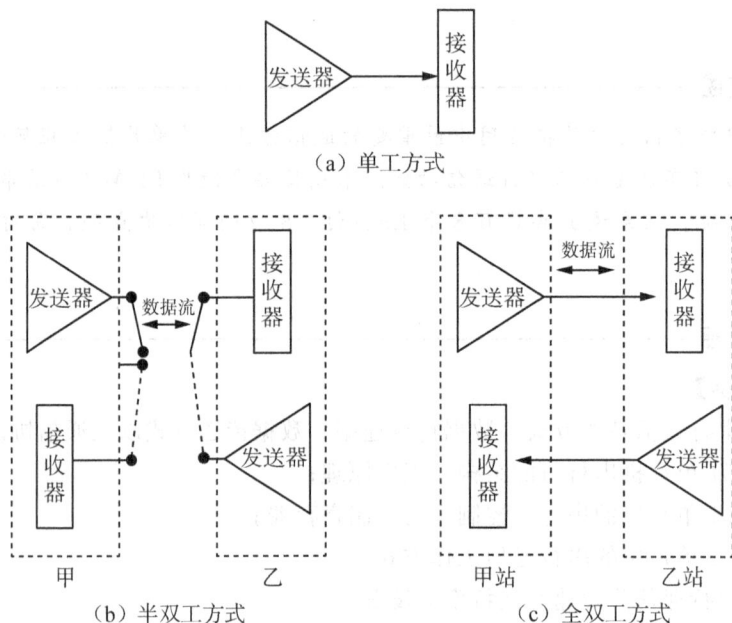

（b）半双工方式　　　　　　　（c）全双工方式

图 4-1　串行通信传输方式

二、串行通信协议

通信协议是对数据传送方式的规定，包括数据格式定义和数据位定义等。通信双方必须遵守统一的通信协议。串行通信协议包括同步协议和异步协议两种。在当前实际应用中对异步通信方式应用较多，在此只讨论异步串行通信协议和异步串行协议规定的字符数据的传送格式。

1. 起始位

通信线上没有数据被传送时处于逻辑 1 状态。当发送设备要发送一个字符数据时，首先发出一个逻辑 0 信号，这个逻辑低电平就是起始位。起始位通过通信线传向接收设备，接收设备检测到这个逻辑低电平后，就开始准备接收数据位信号。起始位所起的作用就是设备同步，通信双方必须在传送数据位前协调同步。

2. 数据位

当接收设备收到起始位后，紧接着就会收到数据位。数据位的个数可以是 5、6、7 或 8。IBM-PC 中经常采用 7 位或 8 位数据传送，8051 串行口采用 8 位或 9 位数据传送。这些数据位被接收到移位寄存器中，构成传送数据字符。在字符数据传送过程中，数据位从最低有效位开始发送，依次在接收设备中被转换为并行数据。

3. 奇偶校验位

数据位发送完之后，可以发送奇偶校验位。奇偶校验用于有限差错检测，通信双方需约定一致的奇偶校验方式。如果选择偶校验，那么组成数据位和奇偶位的逻辑 1 的个数必须是偶数；如果选择奇校检，那么逻辑 1 的个数必须是奇数。

4. 停止位约定

在奇偶位或数据位（当无奇偶校验时）之后发送的是停止位。停止位是一个字符数据的结束标志，可以是 1 位、1.5 位或 2 位的高电平。接收设备收到停止位之后，通信线路上便又恢复逻辑 1 状态，直至下一个字符数据的起始位到来。

5. 波特率设置

通信线上传送的所有位信号都保持一致的信号持续时间，每一位的信号持续时间都由数据传送速度确定，而传送速度是以每秒多少个二进制位来衡量的，这个速度叫波特率。如果数据以 300 个二进制位每秒在通信线上传送，则传送速度为 300 波特，记为 300 b/s。

6. 挂钩（握手）信号约定

为确保通信成功，通信双方必须有一系列的约定。如：作为发送方，必须知道什么时候发送信息，发什么，对方是否收到，收到的内容有没有错，要不要重发，怎样通知对方结束等。作为接收方，必须知道对方是否发送了信息，发的是什么，收到的信息是否有错，如果有错怎样通知对方重发，怎样判断结束等。

这种约定就叫作通信规程或协议，它必须在编程之前确定下来。要想使通信双方能够正确交换信息和数据，在协议中什么时候开始通信，什么时候结束通信，何时交换信息等都必须作出明确的规定。只有双方遵守这些规定才能顺利地进行通信。

三、串行通信基本方式

串行通信有两种基本方式，即异步通信和同步通信。其中，异步通信方式应用较多。

1. 异步通信（asynchronous communication）

在异步通信中，数据是一帧一帧（包括一个字符代码或一字节数据）传送的，每一帧的数据格式如图 4-2 所示。

在帧格式中，一个字符由四部分组成：起始位、数据位、奇偶校验位和停止位。首先是一个起始位（0），然后是 5 位至 8 位数据位（规定低位在前，高位在后），接下来是奇偶校验位（可省略），最后是停止位（1）。起始位（0）信号只占用一位，用来通知接收设备一个待接收的字符开始到达。线路上在不传送字符时应保持为 1。接收端不断检验线路的状态，若连续为 1 以后又测到一个 0，就知道发来一个新字符，应马上准备接收。字符的起始位还被用作同步接收端的时钟，以保证以后的接收能正确进行。

起始位后面紧接着是数据位，它可以是 5 位（D0～D4）、6 位、7 位或 8 位（D0～D7）。

奇偶校验位(D8)只占一位，但在字符中也可以规定不用奇偶校验位，则这一位就可省去。也可用这一位(1/0)来确定这一帧中的字符所代表信息的性质(地址/数据等)。

停止位用来表征字符的结束，它一定是高电位(逻辑1)。停止位可以是1位、1.5位或2位。接收端收到停止位后，知道上一字符已传送完毕，同时，也为接收下一个字符做好准备，只要再接收到0，就是新的字符的起始位。若停止位以后不是紧接着传送下一个字符，则使线路电平保持为高电平(逻辑1)。图4-2表示一个字符紧接一个字符传送的情况，上一个字符的停止位和下一个字符的起始位是紧邻的；图4-2中空闲位为1，线路处于等待状态，存在空闲位正是异步通信的特征之一。

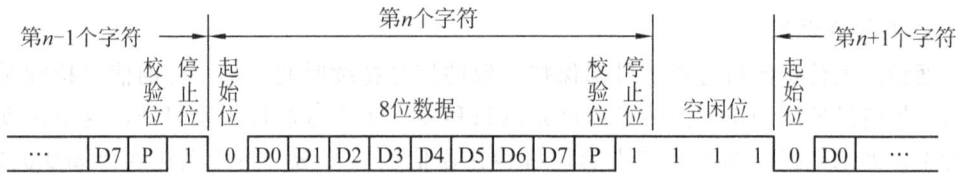

图 4-2　异步通信的一帧数据格式

例如，规定用 ASCII 编码，字符为7位，加1个奇偶校验位、1个起始位、1个停止位，则1帧共10位。

2. 同步通信(synchronous communication)

同步通信是指用时钟来实现发送端与接收端之间的数据同步，并在数据开始传送前发送1个或2个同步字符。接收方检测到同步字符后，即准备接收数据。

同步传送时，字符与字符之间没有间隙，也不用起始位和停止位，仅在数据块开始时用同步字符 SYNC 来指示。同步字符的插入可以是单同步字符方式或双同步字符方式，其数据格式如图4-3所示，然后是连续的数据块。

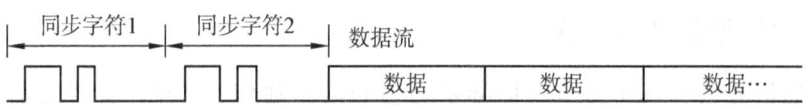

图 4-3　同步传送的数据格式

由此可以看出，异步通信两个时钟彼此独立、互不同步。而同步通信的发送方除了传送数据外，还要同时传送时钟信号。相比较而言，同步通信可以获得更高的串行通信的数据传送速率，但硬件比较复杂。

四、串行通信的数据传送速率

串行通信的数据传送速率，即波特率(baud rate)，表示每秒钟传送二进制代码的位数，它的单位是 b/s。波特率是串行通信的重要指标，用于表征数据传送的速率。波特率越高，数据传送越快。在相同波特率下，字符的实际传送速率不一定相同。因为字符的实际传送速率是指每秒内传送字符帧的帧数，这与字符帧格式有关。

假设数据传送速率是 960 字符/s，而每个字符格式包含 10 个代码(1个起始位、1个终止位、8个数据位)。这时，传送的波特率为：

$$10 \text{ b/字符} \times 960 \text{ 字符/s} = 9\,600 \text{ b/s}$$

每一位代码的传送时间 T_d 为波特率的倒数，即

$$T_d = \frac{1 \text{ b}}{9\,600 \text{ b/s}} \approx 0.104 \text{ ms}$$

异步通信的传送速率在 $50 \sim 19\,200$ b/s 之间，波特率不同于发送时钟和接收时钟，时钟频率常是波特率的 1 倍、16 倍或 64 倍。

在异步串行通信中，接收设备和发送设备保持相同的传送波特率，并在同一次传送过程中字符帧格式须保持一致，这样才能成功地传送数据。

▶ 知识点 2   51 单片机串行口认知

一、串行口结构与工作原理的认知

80C51 单片机通过引脚 RXD(P3.0，串行数据接收端)和引脚 TXD(P3.1，串行数据发送端)与外界进行通信。其内部结构简化示意图如图 4-4 所示。

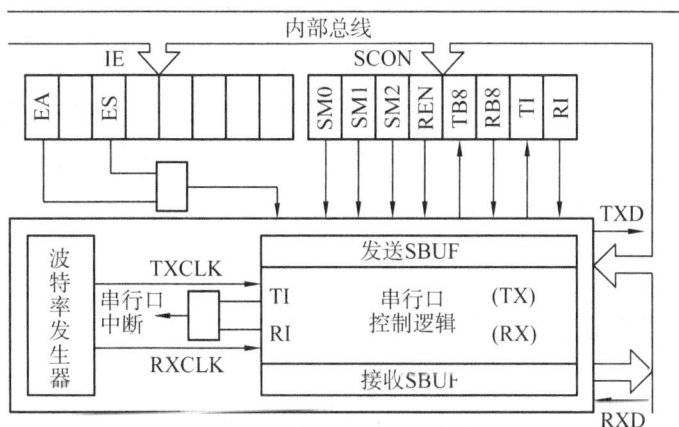

图 4-4   MCS-51 串行口内部结构示意图

80C51 单片机内部的串行口，有两个物理上独立地接收、发送缓冲器 SBUF，可同时发送、接收数据，发送缓冲器只能写入不能读出，接收缓冲器只能读出不能写入，两个缓冲器共用一个字节地址(99H)。两个串行数据缓冲器 SBUF 与发送控制器、接收控制器、输入移位寄存器和输出控制门共同构成 80C51 的串行口。

串行口的发送和接收都是以特殊功能寄存器 SBUF 的名义进行读或写的。串行发送时，将内容写入发送的 SBUF(99H)，再由发送端 TXD 向外发送一帧数据；串行接收时，接收端 RXD 就会接收一帧数据进入移位寄存器，并装载到接收 SBUF 中。

另外，在接收过程中，数据先串行进入移位寄存器，然后再并行进入接收缓冲寄存器中，这样便构成了串行接收的双缓冲结构，从而一定程度上避免了在数据接收过程中出现的帧重叠(又称为溢出错)。需要注意的是：在接收缓冲寄存器读出先前接收

的字节之前就开始接收下一个字节。但如果在第二个字节接收完成后仍未读出第一个字节，那么将丢失第二个字节。与接收数据情况不同，发送数据时，CPU 是主动的，不会产生帧重叠错误，因此发送电路就不需要双重缓冲结构。

二、串行口控制字及控制寄存器的认知

控制 80C51 单片机串行口的控制寄存器共有两个：串行口控制寄存器 SCON(98H)和电源控制寄存器 PCON(87H)。

下面对这两个寄存器各个位的功能予以详细介绍。

1. 串行口控制寄存器 SCON

串行口控制寄存器 SCON，地址为 98H。其中包括串行口的工作方式选择位 SM0、SM1，多机通信标志 SM2，接收允许位 REN，发送接收的第 9 位数据 TB8、RB8，以及发送和接收中断标志 TI、RI。其控制字格式如图 4-5 所示。

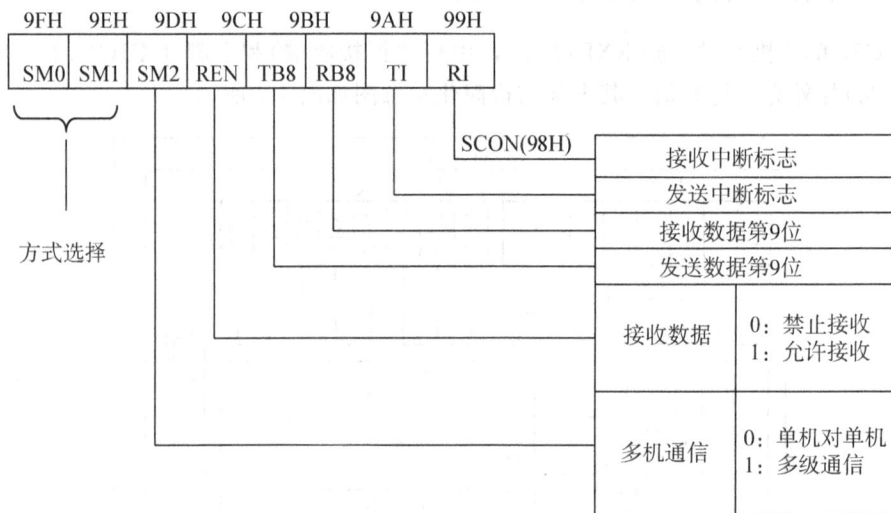

图 4-5　SCON 各位的定义

(1)SM0 和 SM1(SCON.7，SCON.6)：串行口工作方式选择位。两个选择位对应 4 种通信方式如表 4-1 所示。其中，f_{osc} 是振荡频率。

表 4-1　串行口的工作方式

SM0　SM1	工作方式	说明	波特率
0　　0	方式 0	同步移位寄存器	$f_{osc}/12$
0　　1	方式 1	10 位移位收发器	由定时器控制
1　　0	方式 2	11 位移位收发器	$f_{osc}/32$ 或 $f_{osc}/64$
1　　1	方式 3	11 位移位收发器	由定时器控制

(2)SM2(SCON.5)：多机通信控制位，主要用于方式 2 和方式 3。若置 SM2＝1，则允许多机通信。多机通信协议规定，第 9 位数据为 1，说明本帧数据为地址帧；若第

9 位为 0，则本帧为数据帧。当一片 8051（主机）与多片 8051（从机）通信时，所有从机的 SM2 位都置 1。主机首先发送的一帧数据为地址，即某从机机号，其中第 9 位为 1，所有的从机接收到数据后，将其中第 9 位装入 RB8 中。各个从机根据收到的第 9 位数据（RB8 中）的值来决定从机可否再接收主机的信息。若（RB8）=0，说明是数据帧，则使接收中断标志位 RI=0，信息丢失；若（RB8）=1，说明是地址帧，数据装入 SBUF 并置 RI=1，中断所有从机，被寻址的目标从机清除 SM2 以接收主机发来的一帧数据。其他从机仍然保持 SM2=1。

若 SM2=0，即不属于多机通信情况，则接收一帧数据后，不管第 9 位数据是 0 还是 1，都置 RI=1，接收到的数据装入 SBUF 中。

根据 SM2 这个功能，可实现多个 8051 应用系统的串行通信。

在方式 1 时，若 SM2=1，则只有接收到有效停止位时，RI 才置 1，以便接收下一帧数据。在方式 0 时，SM2 必须是 0。

（3）REN（SCON.4）：允许接收控制位。相当于串行接收开关，由软件置 1 或清零。REN=1，允许接收；REN=0，禁止接收。

在串行通信接收控制过程中，如果满足 RI=0 和 REN=1（允许接收）的条件，就允许接收，一帧数据就装载入接收 SBUF 中。

（4）TB8（SCON.3）：发送数据的第 9 位装入 TB8 中。在方式 2 或方式 3 中，TB8 是发送的第 9 位数据，也可作奇偶校验位。根据发送数据的需要由软件置位或复位。在多通信中，TB8 位的状态表示主机发送的是地址还是数据。TB8=1，为地址；TB8=0，为数据。在方式 0 或方式 1 中，不使用 TB8。

（5）RB8（SCON.2）：接收数据的第 9 位。在方式 2 或方式 3 中，RB8 是接收的第 9 位数据。若 SM2=1，如果 RB8=1，说明收到地址帧；如果 RB8=0，说明收到数据帧。

在方式 1 中，若 SM2=0（不是多机通信情况），RB8 中存放的是已接收到的停止位。在方式 0 中，不使用 RB8。

（6）TI（SCON.1）：发送中断标志。方式 0 中，在发送完第 8 位数据时由硬件置位；其他方式中，在发送停止位之前由硬件置位。TI 的置位可以用软件查询，也可以申请中断。TI 置位意味着向 CPU 提供"发送缓冲器 SBUF 已空"的信息，CPU 可以准备发送下一帧数据。在任何方式中都必须由软件来清除 TI。

（7）RI（SCON.0）：接收中断标志。方式 0 中，接收第 8 位数据结束时由硬件置位。其他方式中，在接收停止位的中间时刻由硬件置位。RI 的置位可以用软件查询，也可以申请中断。RI 置位意味着 8 位数据已接收结束，并已装入 SBUF 中，要求 CPU 取走数据。在任何方式（SM2 所述情况除外）必须由软件清除 RI。

串行发送中断标志 TI 和接收中断标志 RI 是同一个中断源，CPU 事先不知道是发送中断 TI 还是接收中断 RI 产生的中断请求，所以，在全双工通信时，必须由软件来判别。

复位时，SCON 所有位均清零。

2. 电源控制寄存器 PCON

电源控制寄存器 PCON 中只有 SMOD 位与串行口工作有关，地址为 87H。其控制字格式如图 4-6 所示。

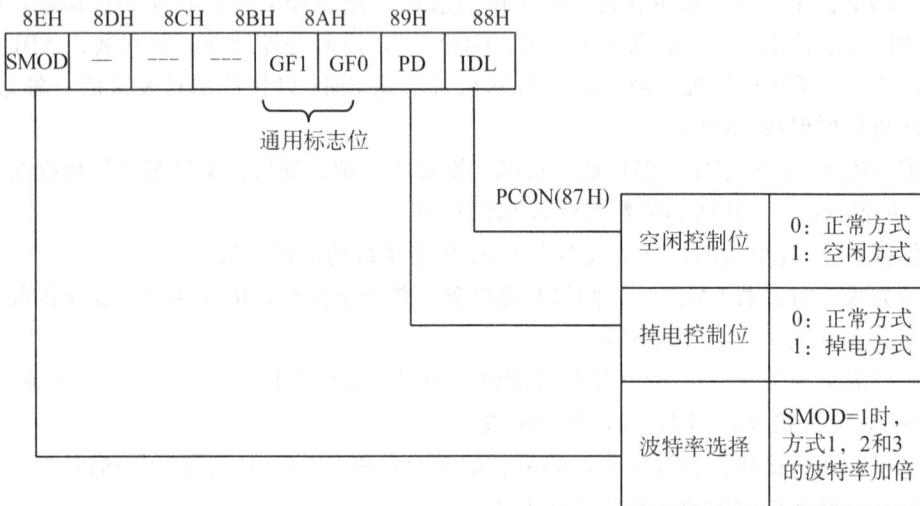

图 4-6 PCON 各位的定义

SMOD 为波特率倍增位。在方式 1、方式 2、方式 3 下，串行通信波特率与 2^{SMOD} 成正比，当 SMOD=1 时，串行通信波特率可提高 1 倍。复位时，SMOD=0。

三、串行口通信工作方式的认知

由串行口控制寄存器 SCON 中 SM0、SM1 两位，可以将 8051 串行口定义为 4 种工作方式。

1. 工作方式 0

当 SM0 SM1=00 时，串行接口选择工作方式 0，为同步移位寄存器输入/输出方式，常用于扩展 I/O 接口。RXD 作为串行数据的发送或接收端口，TXD 用于输出同步时钟信号。发送或接收的 8 位数据按照低位在前而高位在后的顺序。波特率为 $f_{osc}/12$。

方式 0 以 8 位数据为一帧，不设起始位和停止位。其帧格式如下：

…	D0	D1	D2	D3	D4	D5	D6	D7	…

（1）方式 0 输出

按工作方式 0 发送时，RXD 引脚用于串行数据输出，TXD 输出移位同步脉冲。当数据写入发送缓冲器后，串行口将 8 位数据从低位开始以 $f_{osc}/12$ 的波特率从 RXD 端输出，输出完后将中断标志 TI 置 1，发中断请求。要再次发送数据时，必须通过软件将 TI 清零。

（2）方式 0 输入

在按工作方式 0 接收时，受串行口允许接收控制位 REN 控制。REN＝0，禁止接收；REN＝1，允许接收，数据由 RXD 端输入，TXD 端输出移位同步信号。当接收到 8 位数据时，将中断标志 RI 置 1，发中断请求。要再次接收数据时，必须通过软件将 RI 清零。

转入中断服务后，由中断服务程序将 TI、RI 清零。在工作方式 0 中没有使用 TB8 和 RB8 位。

2. 工作方式 1

当 SM0 SM1＝01 时，串行接口选择工作方式 1，为可变波特率的 8 位异步通信方式。发送数据由 TXD 端输出，接收数据由 TXD 端输入。方式 1 以 10 位为一帧传输，设有 1 个起始位(0)、8 个数据位和 1 个停止位(1)。其帧格式如下：

起始位									停止位
0	D0	D1	D2	D3	D4	D5	D6	D7	1

（1）方式 1 输出

CPU 向串行口发送数据缓冲器 SBUF 写入一个数据，就启动串行口发送，在串行口内部一个 16 分频计数器的同步控制下，在 TXD 端输出一帧信息，先发送起始位 0，接着从低位开始依次输出 8 位数据，最后输出停止位 1，并将发送中断标志位 TI 置 1，串行口输出完一个字符后停止工作，CPU 执行程序判断 TI＝1 后，清零 TI，再向 SBUF 写入数据，启动串行口发送下一个字符。

（2）方式 1 输入

REN 置 1 以后，就允许接收器接收数据。接收器以所选波特率的 16 倍的速率采样 RXD 端的电平。当检测到 RXD 端输入电平发生负跳时，复位内部的 16 分频计数器。计数器的 16 个状态把传送 1 位数据的时间分为 16 等份，在每位中心，即 7、8、9 这 3 个计数状态，位检测器采样 RXD 的输入电平，接收的值是三次采样中至少是两次相同的值，这样处理可以防止干扰。如果在第一位时间接收到的值(起始位)不是 0，那么起始位无效，复位接收电路，重新搜索 RXD 端上的负跳变。如果起始位有效，那么开始接收本帧其余部分的信息。接收到停止位为 1 时，将接收到的 8 位数据装入接收数据缓冲器 SBUF，置位 RI，表示串行口接收到有效的一帧信息，向 CPU 请求中断。接着串行口输入控制电路重新搜索 RXD 端上负跳变，接收下一个数据。

在方式 1 的接收器中设置有数据辨识功能，即在同时满足以下两个条件时，接收数据有效，实现装载 SBUF、RB8 及 RI 置 1，接收功能控制器再次采样 RXD 的负跳变，以便接收下一帧数据。这两个条件是：

①RI＝0；

②SM2＝0 或接收到的停止位为 1。

如果上述条件任一不满足，所接收的数据无效，接收控制器不再恢复。

3. 工作方式 2 和 3

当 SM0 SM1＝10 时，串行接口选择工作方式 2，当 SM0 SM1＝11 时，串行接口选择工作方式 3。串行口定义为方式 2 或方式 3 时，它是一个 9 位的异步串行通信接口，TXD 为数据发送端，RXD 为数据接收端。方式 2 的波特率固定为 $f_{osc}/64$ 或 $f_{osc}/32$，而方式 3 的波特率由定时器 T1 或 T2(80C52)的溢出率所确定。

方式 2 和方式 3 以 11 位为 1 帧传输，设有 1 个起始位(0)，8 个数据位，1 个附加第 9 位和 1 个停止位(1)。其帧格式如下：

起始位										停止位	
0	D0	D1	D2	D3	D4	D5	D6	D7	D8	1	

附加第 9 位(D_8)由软件置 1 或清零。发送时在 SCON 的 TB8 中，接收时存入 SCON 的 RB8 中。

(1)方式 2 和方式 3 输出

CPU 向发送数据缓冲器 SBUF 写入一个数据就启动串行口发送，同时将 TB8 写入输出移位寄存器的第 9 位。实际发送在内部 16 分频计数器下一次循环的机器周期的 S1P1，使发送定时与这个 16 分频计数器同步。先发送起始位 0，接着从低位开始依次发送 SBUF 中的 8 位数据，再发送 SCON 中 TB8，最后发送停止位，置 1 发送中断标志 TI，CPU 判 TI＝1 以后清零 TI，可以再向 TB8 和 SBUF 写入新的数据，再次启动串行口发送。

(2)方式 2 和方式 3 输入

REN 置 1 以后，接收器就以所选波特率的 16 倍的速率采样 RXD 端的输入电平。当检测到 RXD 上输入电平发生负跳变时，复位内部的 16 分频计数器。计数器的 16 个状态把 1 位数据的时间分成 16 等份，在每位中心，即 7、8、9 这 3 个计数状态，位检测器采样 RXD 的输入电平，接收的值是 3 次采样中至少是两次相同的值。如果在第一位时间接收到的值不是 0，那么起始位无效，复位接收电路，重新搜索 RXD 上的负跳变。如果起始位有效，那么开始接收本帧其余位信息。

先从低位开始接收 8 位数据，再接收第 9 位数据，在 RI＝0，SM2＝0 或接收到的第 9 位数据为 1 时，接收的数据装入 SBUF 和 RB8，置位 RI；如果条件不满足，把数据丢失，并且不置位 RI。一位时间以后又开始搜索 RXD 上的负跳变。

同样，方式 2、方式 3 中也设置有数据辨识功能。即当 RI＝0、SM2＝0 或接收到的第 9 位的数据为 1 的任一条件不满足时，接收的数据帧无效。

四、波特率的设置

在串行通信中，收发双方对发送或接收的数据速率有一定的约定，通过软件对 8051 串行口编程可约定 4 种工作方式。其中，方式 0 和方式 2 的波特率是固定的；而方式 1 和方式 3 的波特率是可变的，由定时器 T1 的溢出率来决定。串行口的 4 种工作方式对应着 3 种波特率。由于输入的移位时钟来源不同，因此，各种方式的波特率计算公式也不同。

1. 方式 0 的波特率

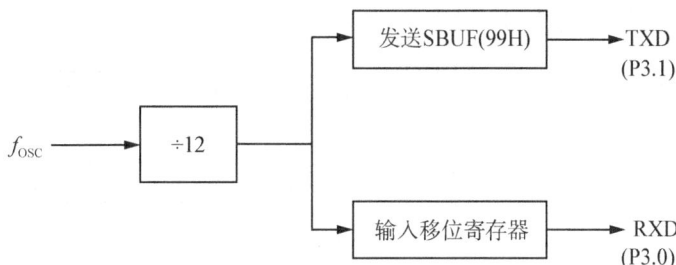

f_{osc} → ÷12 → 发送SBUF(99H) → TXD (P3.1)

÷12 → 输入移位寄存器 → RXD (P3.0)

图 4-7　串行口方式 0 波特率的产生

由图 4-7 可知，串行口方式 0 的波特率由振荡器的频率所确定，并不受 PCON 寄存器中 SMOD 位的影响：

$$方式 0 的波特率 = f_{osc}/12$$

若振荡器频率 $f_{osc} = 12$ MHz，则波特率 $= f_{osc}/12 = 12$ MHz/12 $= 1$ MHz。

2. 方式 2 的波特率

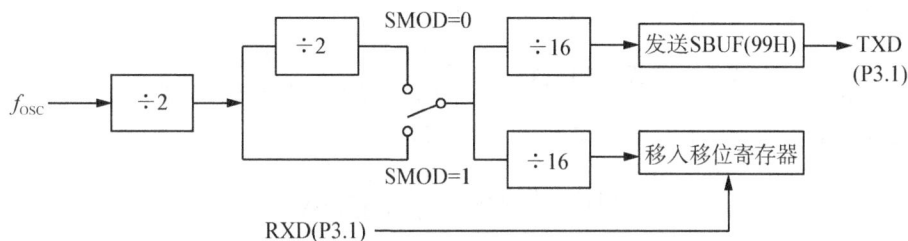

f_{osc} → ÷2 → ÷2（SMOD=0）/（SMOD=1）→ ÷16 → 发送SBUF(99H) → TXD (P3.1)

→ ÷16 → 移入移位寄存器 ← RXD(P3.1)

图 4-8　串行口方式 2 波特率的产生

由图 4-8 可知，串行口方式 2 的波特率由振荡器的频率和 SMOD（PCON.7）所确定：

$$方式 2 的波特率 = \frac{2^{SMOD}}{64} \times f_{osc}$$

当 SMOD $= 0$ 时，波特率等于振荡器频率的 $1/64$；当 SMOD $= 1$ 时，波特率等于振荡器频率的 $1/32$。

3. 方式 1 和方式 3 的波特率

由图 4-9 可知，串行口方式 1 和方式 3 的波特率由定时器 T1 的溢出率和 SMOD（PCON.7）所确定：

$$方式 1、方式 3 的波特率 = T1 溢出率/n$$

当 SMOD $= 0$ 时，$n = 32$；当 SMOD $= 1$ 时，$n = 16$。即 $n = \frac{32}{2^{SMOD}}$，所以有：

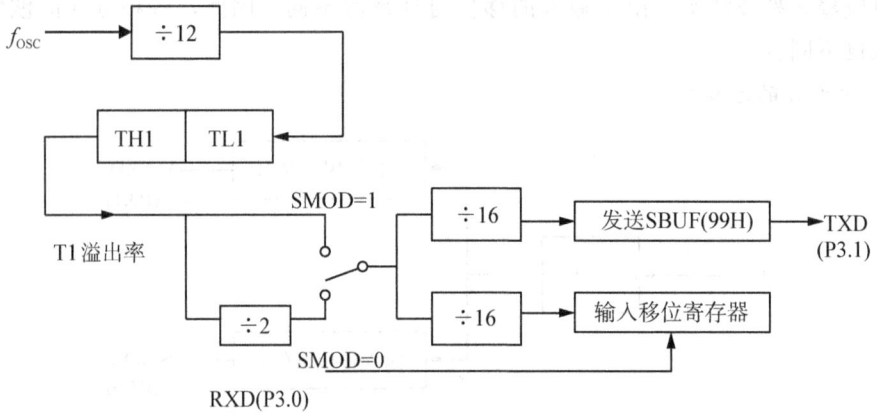

图 4-9 串行口方式 1 和方式 3 波特率的产生

$$方式1、方式3的波特率=\frac{2^{SMOD}}{32}\times(T1溢出率)$$

其中，T1 溢出速率取决于 T1 的计数速率和 T1 预制的初值。计数速率与 TMOD 寄存器中 C/$\overline{T}$ 的状态有关。当 C/$\overline{T}=0$ 时，计数速率$=f_{osc}/12$；当 C/$\overline{T}=1$ 时，计数速率取决于外部输入时钟频率。所以应使 C/$\overline{T}=0$。

若定时器 T1 采用模式 1，波特率公式如下：

$$方式1、方式3的波特率=\frac{2^{SMOD}}{32}\times\frac{f_{osc}}{12\times(65536-初值)}$$

此时，定时器 T1 在工作模式 1 时的初值为：

$$初值=65536-\frac{f_{osc}\times2^{SMOD}}{384\times波特率}$$

通常选用定时器模式 2(自动重装初值定时器)比较实用。在工作模式 2 中，TL1 作计数用，而自动装入的初值放在 TH1 中，则每过(256-初值)个机器周期，定时器 T1 就会产生一次溢出。这时波特率公式如下：

$$方式1、方式3的波特率=\frac{2^{SMOD}}{32}\times\frac{f_{osc}}{12\times(256-初值)}$$

此时，定时器 T1 在工作模式 2 时的初值为：

$$初值=256-\frac{f_{osc}\times2^{SMOD}}{384\times波特率}$$

表 4-2 列出了最常用的波特率以及相应的振荡器频率、T1 工作方式和计数初值。

表 4-2 常用波特率与其他参数选取关系

串行口工作方式	波特率/(b/s)	f_{osc}/MHz	定时器 T1			
			SMOD	C/$\overline{T}$	模式	定时器初值
方式0	1M	12	×	×	×	×

续表

串行口工作方式	波特率/(b/s)	f_{osc}/MHz	定时器 T1			
			SMOD	C/$\overline{T}$	模式	定时器初值
方式 2	375k	12	1	×	×	×
	187.5k	12	0	×	×	×
方式 1 和方式 3	62.5k	12	1	0	2	0xFF
	19.2k	11.059	1	0	2	0xFD
	9.6k	11.059	0	0	2	0xFD
	4.8k	11.059	0	0	2	0xFA
	2.4k	11.059	0	0	2	0xF4
	1.2k	11.059	0	0	2	0xE8
	137.5	11.059	0	0	2	0x1D
	110	12	0	0	1	0xFEEB
方式 0	0.5M	6	×	×	×	×
方式 2	187.5k	6	1	×	×	×
方式 1 和方式 3	19.2k	6	1	0	2	0xFE
	9.6k	6	1	0	2	0xFD
	4.8k	6	0	0	2	0xFD
	2.4k	6	0	0	2	0xFA
	1.2k	6	0	0	2	0xF3
	0.6k	6	0	0	2	0xE6
	110	6	0	0	2	0x72
	55	6	0	0	1	0xFEEB

实例分析如下。

(1)设两机通信的波特率为 2400 波特，若晶振为 6 MHz，串行口工作在方式 1，试计算定时器 T1 的初值。

解：设定时器工作在方式 2，则

$$定时器初值 = 256 - \frac{f_{osc} \times 2^{SMOD}}{384 \times 波特率} = 256 - \frac{6 \times 10^6 \times 2^{SMOD}}{384 \times 2400}$$

若取 SMOD=0，初值=249.49≈250，此时舍入误差较大，改取 SMOD=1，初值=242.98≈243=0xF3，舍入误差较小。实际的波特率为 2403.85 波特。

(2)80C51 单片机时钟振荡频率为 11.0592 MHz，

①选用定时器 T1 工作模式 2 作为波特率发生器，波特率为 2400 b/s，求初值。

②选用定时器 T1 工作模式 1 作为波特率发生器，波特率为 2400 b/s，求初值。

解：①设置波特率控制位 SMOD=0

$$X = 256 - \frac{11.0592 \times 10^6 \times 1}{384 \times 2400} = 244 = 0xF4$$

所以　　　　　　　　TH1=TL1=0xF4

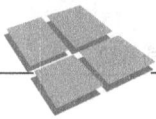

②设置波特率控制位 SMOD＝0

$$X=65536-\frac{11.0592\times10^{6}\times1}{384\times2400}=65524=0xFFF4$$

所以　　　　　　　　　　　TH1＝0xFF，TL1＝0xF4

选用 11.0592 MHz 振荡器频率，就是为了使初使值为整数，从而产生精确的波特率。

▶知识点3　串口程序设计方法

一、串口初始化方法

在单片机的串口应用编程中，为了使用串口进行通信，必须设置串口的工作方式、是否允许接收、波特率等，只有完成这些设置之后才能进行串口数据收发，这些工作我们称之为串口的初始化。串口的初始化工作，可编写成一个函数，这个过程即是串口初始化函数的设计。典型的串口初始化函数，如程序 4-1 所示。

程序 4-1：串口初始化函数

```
#include <reg51.h>
void   init_serialport(void)   //波特率9600bps 数据位8bit 无奇偶校验 1位停止
{
    SCON=0x50;        //设置SCON(0101 0000),工作方式1且串口允许接收数据
    TMOD|=0x20;       //设置T1工作方式2
    TH1=0x0FD;        //设置波特率9600bps
    TL1=0x0FD;        //设置波特率9600bps
    TR1=1;            //启动定时器
    ES=0;             //禁止中断
}
```

二、串口数据收发程序设计方法

为了加强工程素质的培养和方便以后使用，本教材中所有用到的程序，按模块化设计原则，设计成对应的功能函数。

1. 串口数据发送函数

字节数据串口发送函数，是串口各种复杂数据发送的最基本的功能函数，如程序 4-2 所示。

程序 4-2：字节数据串口发送函数

```
void Uart_SendByte(char c)    //字节数据串口发送函数
{                             //形参c即要发字节数据
    TI=0;                     //数据发送完成标志清零
    SBUF=c;                   //发送数据送入发送寄存器
    while(TI==0);             //阻塞等待发送完成,发送完成标志TI为1
    TI=0;                     //数据发送完成标志清零
}
```

2. 串口数据接收函数

串口数据接收函数，是串口通信编程常用的功能函数，如程序 4-3 所示。

程序 4-3：串口数据接收函数

```
char Uart_Getch(void)        //字节数据串口接收函数
{                            //函数返回值即串口接收到的字节数据
    char c;
    while(RI==0);            //阻塞等待接收完成,接收完成标志 RI 为 1
    c=SBUF;                  //取出接收数据到变量 c 中存放
    RI=0;                    //数据接收完成标志清零
    return(c);               //返回串口接收数据给函数
}
```

串口数据收发程序设计方法：主程序中，首先必须调用 init_serialport()函数对串口初始化，然后依据串口收发程序要求调用 Uart_SendByte()和 Uart_Getch()发送接收数据。

项目实施

本项目的实施过程，我们将分为 3 个步骤进行：

(1)确定串口彩灯控制系统的硬件设计；

(2)系统软件设计与实现；

(3)下载程序并调试完成项目控制功能。

一、确定串口彩灯控制系统的硬件设计

根据项目要求，该彩灯控制系统由单片机的串口进行控制，但 8 个 LED 灯为并行连接，因此从单片机输出的串行数据需要经过移位寄存器进行串并转换才能传输给 8 个 LED 灯。这里我们选用的移位寄存器芯片为 74LS164，引脚图如图 4-10 所示，其引脚符号及功能如表 4-3 所示。

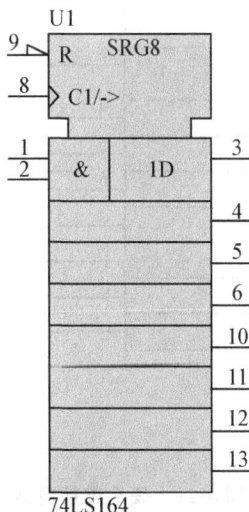

图 4-10　74LS164 功能引脚图

表 4-3 74LS164 引脚符号及功能

引脚编号	符号	功能	引脚编号	符号	功能
1	DSA	串行输入端	8	MR	复位端
2	DSB	串行输入端	9	CP	时钟信号输入端
3	Q7	输出端	10	Q3	输出端
4	Q6	输出端	11	Q2	输出端
5	Q5	输出端	12	Q1	输出端
6	Q4	输出端	13	Q0	输出端

74LS164 是一个 8 位边沿触发式移位寄存器，实现串行输入，并行输出。数据通过两个输入端(DSA 或 DSB)之一串行输入；任意一个输入端可以用作高电平使能端，控制另一个输入端的数据输入。时钟信号(CP)每次出现上升沿时，数据右移一位，输出到 Q0，Q0 是两个数据输入端(DSA 和 DSB)的逻辑与，而 CP 的上升沿来临之前 Q0 至 Q6 的值依次移位到 Q1 至 Q7，原来 Q7 的值被覆盖。复位端(MR)的有效信号为低电平，给 MR 输入一个低电平将使 74LS164 其他所有输入端都无效，同时对寄存器存储的数值清零，强制所有的输出为低电平。

51 单片机串行传输数据给 74LS164 时，需要给它传递一个同步信号，保证收发双方速度一致，因此使用 TXD 引脚传递时钟脉冲到 74LS164 的 CP 引脚。此时，51 单片机只能使用 RXD 引脚完成串行数据输出。具体硬件连接电路如图 4-11 所示。

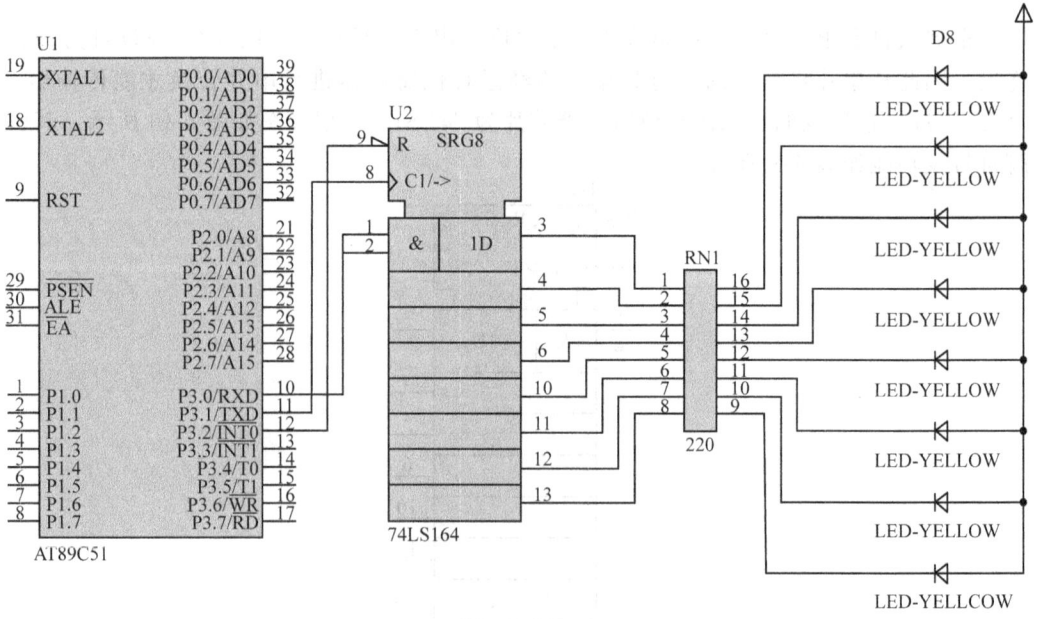

图 4-11 硬件连接电路

二、系统软件设计与实现

本项目采用串行口同步通信方式，因此，波特率为默认值不需要额外进行设置。根据控制要求完成软件编写。可参考程序 4-4。

程序 4-4：串口彩灯控制系统参考程序

```
#include <reg51.h>
void Uart_SendByte(char c);
void delay(unsigned int i);
void main(void)
{
    char LED[8]={0xfe,0xfd,0xfb,0xf7,0xef,0xdf,0xbf,0x7f};  //灯的 8 个状态值
    int i;
    SCON=0x00;                          //设置串行口使用同步通信方式
    for(i=0;i<8;i++)
    {
        Uart_SendByte(LED[i]);
        delay(600);
    }
}
void Uart_SendByte(char c)
{
    TI=0;
    SBUF=c;
    while(! TI);
    TI=0;
}
void delay(unsigned int i)
{
    unsigned char j;
    for(i; i>0; i--)
    {
        for(j=255; j>0; j--);
    }
}
```

三、下载程序并调试完成项目控制功能

将程序编译生成对应的 HEX 文件后，可加载到 Proteus 仿真电路中进行功能验证，根据观察到的现象对程序进行修改，直至完全符合项目控制功能。在有条件的情况下，可配齐所需元器件，制作项目的硬件电路，将程序按照前面内容讲述过的方法下载进行验证。

项目测评

项目 4　串口彩灯控制系统测评表

项目实施内容	评价内容	评价依据	优秀	良好	合格	继续努力
硬件电路设计 (30 分)	电路原理图 仿真设计	能否正常仿真, 功能无误				
	串口彩灯控制接口 电路焊接制作	焊接工艺				
软件设计 (50 分)	单片机编程 整体结构	1. 结构完整 2. 语法正确				
	延时子程序	1. 功能完整 2. 语法正确				
	串口发送程序	1. 功能完整 2. 语法正确				
项目调试 (20 分)	程序正确性	有无语法错误				
	功能完整度	完成功能数				
总评						

思考与练习

1. 定时器 T1 作为串行口波特率发生器时,为什么采用方式 2?

2. 简述下面串口通信程序的具体功能。

```
#include <reg51.h>
void init_serialport(void);
void Uart_SendByte(char c);
char Uart_Getch(void);
void main(void)
{    char c=0x0f;
     init_serialport();
     Uart_SendByte(c);
     while(c==Uart_Getch())
     {
         c=~c;
         Uart_SendByte(c);
     }
}
```

项目 5　倒计时显示器

项目描述

中断属于一种对事件的实时处理过程，可以随时迫使 CPU 停止当前正在执行的工作，转而去处理中断源指示的另一项服务程序，等处理完毕后，再返回原来工作的"断点"处，继续执行原来被中止的程序，这个过程称为中断。为了提高 CPU 的工作效率，广泛采用中断传送方式。

本项目要求设计一个竞赛抢答倒计时显示器。选手按下抢答键后需要在 9 s 内回答问题，显示牌显示倒计时间，时间用尽倒计时停止。按下复位键后，系统复位，可以重新开始使用倒计时显示牌。

学习目标

【知识目标】

1. 了解 51 单片机的输入/输出方式；

2. 了解 51 单片机中断系统的用途；

3. 学习 51 单片机中断系统的结构；

4. 掌握 51 单片机中断控制方式；

5. 理解外部中断、定时中断、串口中断的结构与控制；

6. 掌握外部中断、定时中断、串口中断编程方法。

【技能目标】

1. 掌握 51 单片机中断系统控制方法；

2. 掌握 51 单片机中断响应处理方法；

3. 掌握中断服务程序设计的基本步骤。

【素质目标】

1. 增长知识，提高能力，具有较强的学习能力、信息处理能力和应变能力；

2. 培养认真、细心、严谨的工作作风。

相关知识

知识点 1　中断系统概述

一、单片机输入/输出方式

一般输入/输出设备与单片机交换信息的方式主要有以下 3 种方式：无条件传送方

式、查询传送方式、中断方式。

1. 无条件传送方式

采用无条件传送方式的前提是外部控制过程的各种动作时间是固定的、已知的，在进行数据传送时，不必查询外设的状态，它总是处于"准备就绪"状态，CPU 随时可与外设进行数据传送，这种传送方式的优点是硬件和软件都很简单。

无条件传送方式实际上还是有条件的，即数据传送不能太频繁，以保证每次数据传送时，外设总是"准备就绪"的。它一般只适用主机与简单外设(拨盘或七段 LED 显示器等)之间的数据传送。

2. 查询传送方式

查询控制方式又称为程序控制方式。首先 CPU 查状态字中的标志，看数据交换是否可以进行，若外设未准备就绪，则等待。若已准备就绪，则 CPU 从 I/O 设备读出数据，同时把 I/O 设备的状态字复位。

这是一种监控方式，可以根据需要分时处理几件任务。例如，每一个按键都可以被看作一个外设，可以为每一按键规定一个标志位，按下某一个键都引起相应的标志位的变化。那么 CPU 可以每隔一定短暂时间扫描一遍所有标志位，如果发现有键按下，便可以转而执行相应的键盘子程序。

这就是查询方式，其优点是可以同时监控若干外设，从而提高控制的灵活性。其缺点是当程序进入查询状态时，若条件不满足，微处理器只能等待，不能处理其他工作，这样很浪费 CPU 的时间。若一个微处理器接有多个 I/O 设备，则 CPU 与每个 I/O 设备交换信息，就要周期地依次地查询 I/O 设备，浪费时间就更多。另外，CPU 需要随时扫描标志位，一旦停止查询将导致外设失控。

3. 中断方式

从查询工作方式可以看出，该方式实际是程序循环等待方式，即软件循环检测外设状态，直到外设准备好时才能进行数据传送的操作，因此，其工作效率很低。为了提高 CPU 的工作效率，广泛采用中断传送方式。

中断方式实际上是硬件等待方式，只有在外设数据准备好之后，才向 CPU 发出请求中断的信号，在 CPU 允许中断的情况下，CPU 才转而去处理这个外设的工作。

在监控多项任务时，采用中断方式可以提高 CPU 效率。例如，某外设发生紧急情况，可以主动提出中断申请，如果允许响应，那么 CPU 可以立即停止正在执行的工作，转而处理该紧急事件。可见这是一种实时控制方式，优点是对外设控制更灵活、响应更迅速。

二、中断的概念

1. 中断

中断属于一种对事件的实时处理过程，可以随时迫使 CPU 停止当前正在执行的工作，转而去处理中断源指示的另一项服务程序，等处理完毕后，再返回原来工作的"断点"处，继续执行原来被中止的程序，这个过程称为中断。

2. 中断系统

实现这种中断功能的部件称为中断系统。

3. 中断源

引起中断的原因或者产生中断的请求源称为中断源。

4. 主程序

原来正在运行的程序称为主程序。

三、中断系统的用途

1. 提高 CPU 工作效率

因为许多外设的速度比 CPU 慢，二者间无法同步地进行数据交换。为此可通过中断方式实现 CPU 与外设之间的协调工作。这种用中断方式进行的 I/O 操作，在宏观上看来，可以实现 CPU 与外设的并行工作。

2. 实现实时控制

实时处理是自动控制系统对控制器提出的要求，各控制参数可以随时向 CPU 发出中断申请，而 CPU 也必须做出快速响应和及时处理，以便使被控对象保持在最佳工作状态。

3. 实现故障的紧急处理

当外设或计算机自身出现故障时，可以利用中断系统请求 CPU 及时处理这些故障。

4. 便于实现人为控制

如操作人员可以利用键盘等实现中断，完成人的干预。

▶知识点 2　51 单片机中断系统结构的认知

80C51 单片机的中断系统主要由几个与中断有关的特殊功能寄存器、中断入口、顺序查询逻辑电路等组成。

80C51 系列单片机的中断系统有 5 个中断源，2 个中断优先级，可实现两级中断服务嵌套。整个中断系统包括中断请求标志位(在特殊功能寄存器 TCON 和 SCON 中)、中断允许寄存器 IE、中断优先级寄存器 IP 及内部硬件查询电路等，如图 5-1 所示。

用户可以用软件来屏蔽所有的中断请求，也可以用软件使 CPU 接受中断请求；每一个中断源可以用软件独立地控制为开中断或者关中断状态；每一个中断源中的中断级别均可用软件来设置。

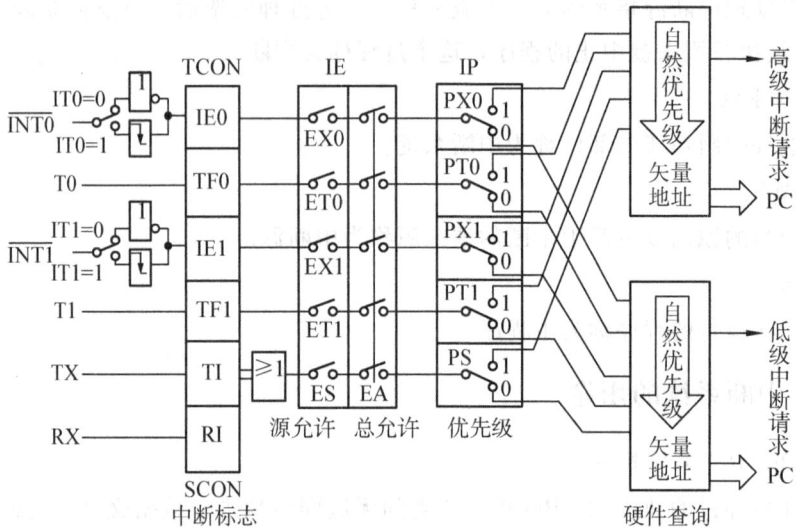

图 5-1　80C51 单片机的中断系统结构

一、51 系列单片机中断控制的认知

1.80C51 的中断源

能够产生中断申请,引起中断的装置和事件被称为中断源。80C51 型单片机提供了五个中断源:两个外部中断源和三个内部中断源。每一个中断源都有一个中断申请标志位,但是串行口占有两个中断标志位,因此 80C51 一共有六个中断标志位。具体情况如表 5-1 所示。

表 5-1　80C51 五个中断源比较

分类	中断源	中断申请标志	中断原因	中断入口地址
外部中断源	外部中断 0	IE0(TCON.1)	P3.2/$\overline{INT0}$ 脚上信号可以引起中断申请	0003H
	外部中断 1	IE1(TCON.3)	P3.3/$\overline{INT1}$ 脚上信号可以引起中断申请	0013H
内部中断源	定时/计数中断 0	IF0(TCON.5)	T0 计数溢出后引起中断申请	000BH
	定时/计数中断 1	IF1(TCON.6)	T1 计数溢出后引起中断申请	001BH
	串行口中断	RI(SCON.0)	串行口中断接收一帧后引起中断申请	0023H
		TI(SCON.1)	串行口中断发送一帧后引起中断申请	

(1)外部中断源

外部中断源是指可以向单片机提出中断申请的外设。外部中断的信号被称为外部事件,外部中断共有两个中断源,即外部中断 0 和外部中断 1,中断请求信号输入端是 $\overline{INT0}$ 和 $\overline{INT1}$。外部中断请求 $\overline{INT0}$ 和 $\overline{INT1}$ 有两种触发方式,即电平触发方式和脉冲触发方式。这个触发信号究竟是低电平有效还是一个下降沿有效,可以由软件设定 TCON 寄存器的 IT0 和 IT1 位。

在每个机器周期的 S5P2，CPU 检测 $\overline{INT0}$ 和 $\overline{INT1}$ 上的信号。对于电平触发方式，若检测到低电平即为有效的中断请求。对于脉冲触发方式要检测两次，若前一次为高电平，后一次为低电平，则表示检测到了负跳变的有效中断请求信号。为了保证检测的可靠性，低电平或高电平的宽度至少要保持一个机器周期即 12 个振荡周期。

（2）内部中断源

内部中断源是指内部定时器/计数器溢出的时刻，以及串行口传送或接收完一帧信息的时刻，它们都会产生中断申请信号，引起中断申请。

串行中断是为串行数据传送的需要而设置的。每当串行口接收或发送一组串行数据完毕时，由硬件产生一个串行口中断请求。串行中断请求也是在单片机的内部自动发生的。

2. 中断允许和中断优先级

（1）中断允许寄存器 IE

在 80C51 中断系统中，中断的允许或禁止是由片内的中断允许寄存器 IE 控制的。IE 寄存器的地址是 A8H，位地址为 A8H～AFH。寄存器的内容及位地址如表 5-2 所示。

表 5-2　80C51 单片机中断入口地址分配表

位地址	AFH	AEH	ADH	ACH	ABH	AAH	A9H	A8H
位符号	EA	/	/	ES	ET1	EX1	ET0	EX0

其中：

①EA——中断允许总控位，或称总允许位。

若 EA＝0，则所有中断请求均被禁止；

若 EA＝1，则是否允许中断由各个中断控制位决定。

②EX0/EX1——外部中断 0/外部中断 1 中断允许位。

若该位＝1，则对应外部中断源可以申请中断；

若该位＝0，则对应外部中断申请被禁止。

③ET0/ET1——T0/T1 中断允许控制位。

若该位＝1，则对应定时器/计数器可以申请中断；

若该位＝0，则对应定时器/计数器不能申请中断。

④ES——串行口允许控制位。

若该位＝1，则允许串行口申请中断；

若该位＝0，则不允许串行口申请中断。

如在程序设计中出现如下语句：

　　IE＝0x84；

表明此时 EA＝1（打开中断允许的总开关），EX1＝1（打开外部中断 1 的开关），其余位为 0，意味着此时单片机只能响应外部中断 1 的申请，其余中断不响应。

注意：80C51 单片机系统复位后，IE 各位均清零，即禁止所有中断。

(2)中断优先级控制寄存器 IP

80C51 系统定义了高、低两个优先级,中断优先级控制比较简单。各中断源的优先级由优先级控制寄存器 IP 进行设定。

IP 寄存器地址 B8H,位地址为 B8H~BFH。寄存器的内容及位地址表示如表 5-3 所示。

表 5-3　寄存器 IP 内容及位地址

位地址	BFH	BEH	BDH	BCH	BBH	BAH	B9H	B8H
位符号	—	—	—	PS	PT1	PX1	PT0	PX0

其中:

①PX0——外部中断 0 优先级设定位。

若 PX0=1,则外部中断 0 定义为高优先级;

若 PX0=0,则外部中断 0 定义为低优先级。

②PT0——定时器 T0 中断优先级设定位。

若 PT0=1,则定时器 T0 定义为高优先级;

若 PT0=0,则定时器 T0 定义为低优先级。

③PX1——外部中断 1 优先级设定位。

若 PX1=1,则外部中断 1 定义为高优先级;

若 PX1=0,则外部中断 1 定义为低优先级。

④PT1——定时器 T1 中断优先级设定位。

若 PT1=1,则定时器 T1 定义为高优先级;

若 PT1=0,则定时器 T1 定义为低优先级。

⑤PS ——串行中断优先级设定位。

若 PS=1,则串口中断定义为高优先级;

若 PS=0,则串口中断定义为低优先级。

中断优先级控制寄存器 IP 的各个控制位,都可以通过编程来置位或清零。单片机复位后,IP 中各位均被清零。

如在程序设计中出现如下语句:

    IP=0x08;

表明此时 PT1=1(定时器 T1 设置为高优先级),其余位为 0,意味着如果定时器 T1 中断源和其他中断源同时申请中断,那么单片机会优先处理定时器 T1 的中断请求。

中断优先级是为中断嵌套服务的,80C51 单片机中断优先级的控制原则是以下几点:

(1)低优先级中断请求不能打断高优先级的中断服务,但高优先级中断请求可以打断低优先级的中断服务,从而实现中断嵌套。

(2)一个中断得到响应,那么与它同级的中断请求不能中断它。

(3)如果同级的多个中断请求同时出现,那么按 CPU 查询次序确定哪个中断请求

被响应。同一级中的 5 个中断源的优先顺序是:

$\overline{INT0}$ 中断

T0 中断

$\overline{INT1}$ 中断 高低

T1 中断

串口中断

厂家出厂时已固化好顺序
——事先约定

3.中断嵌套

当 CPU 正在执行中断服务程序时,又有新的中断源发出中断申请时,根据中断优先级,决定是否响应新的中断。如是同级中断源申请中断,CPU 不予理睬;如是高级中断源申请中断,CPU 将转去响应新的中断请求,待高级中断服务程序执行完毕,CPU 再转回原来低级中断服务程序,这称为中断的嵌套,图 5-2 为两级中断嵌套的执行过程。

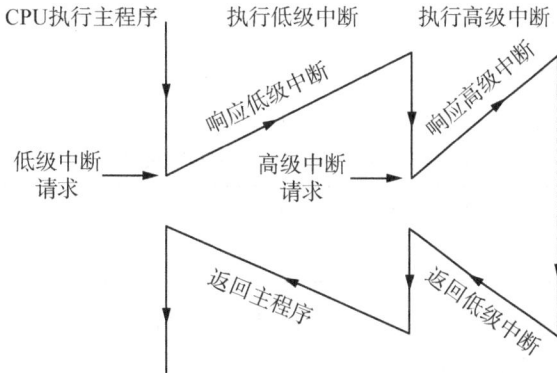

图 5-2 两级中断嵌套的执行过程

二、中断请求标志的认知

80C51 对每一个中断请求都对应有一个中断请求标志位,它们分别在两个特殊功能寄存器 TCON 和 SCON 中,共定义了 6 个位作为中断标志位,当其中某位为 0 时,表示相应的中断源没有提出中断申请;当其中某位变成 1 时,表示相应中断源已经提出中断申请。

1.定时器控制寄存器(TCON)

TCON 是定时器/计数器 0 和 1 的控制寄存器,除用于控制定时器、计数器的启动的位外,其余各位用于中断控制。该寄存器的地址为 88H,位地址 88H~8FH。TCON 寄存器与中断有关的位如表 5-4 所示。

表 5-4 TCON 寄存器与中断有关的位

位地址	8FH	8EH	8DH	8CH	8BH	8AH	89H	88H
位符号	TF1	TR1	TF0	TR0	IE1	IT1	IE0	IT0

其中：

①IT0——外部中断 0 请求信号方式控制位。

若 IT0＝1，则为脉冲触发方式(负跳变有效)；

若 IT0＝0，则为电平方式(低电平有效)。

②IE0——外部中断 0 请求标志位。

当 CPU 检测到 INT0(P3.2)端有中断请求信号时，由硬件置位，使 IE0＝1 请求中断，中断响应后转向中断服务程序时，由硬件自动清零。

③IT1——外部中断 1 请求信号方式控制位，功能与 IT0 类似。

④IE1——外部中断 1 请求标志位，功能与 IE0 类似。

⑤TF0——定时器/计数器 0 溢出标志位。

当定时时间到或计数值已满，就以溢出信号作为中断请求，去置位一个溢出标志位，向单片机提出中断请求。

⑥TF1——定时器/计数器 1 溢出标志位，功能与 TF0 类似。

2. 串行口控制寄存器(SCON)

SCON 是串行口控制寄存器，其中低两位用来作为串行口中断请求标志。该寄存器的地址是 98H，位地址为 98H～9FH。SCON 寄存器与中断有关的位如表 5-5 所示。

表 5-5　SCON 寄存器与中断有关的位

位地址	9FH	9EH	9DH	9CH	9BH	9AH	99H	98H
位符号	—	—	—	—	—	—	TI	RI

SCON 中高 6 位用于串行口控制，其功能已经在串行接口一节介绍，低 2 位(RI、TI)用于中断控制，其作用如下。

①TI——串行口发送中断请求标志位。发送完一帧串行数据后，由硬件置 1，其清零必须由软件完成。

②RI——串行口接收中断请求标志位。接收完一帧串行数据后，由硬件置 1，其清零必须由软件完成。

在 80C51 单片机串行口中，TI 和 RI 的逻辑"或"作为一个内部中断源，二者之一置位都可以产生串行口中断请求，然后在中断服务程序中测试这两个标志位，以决定是发送中断还是接收中断。

三、中断的响应处理

1. 中断响应条件

一个中断源的中断请求被响应，需满足以下条件：

(1)该中断源发出中断请求；

(2)CPU 开中断，即将中断总允许 EA 标志置 1(EA＝1)；

(3)申请中断的中断源的中断允许标志位置 1，确定该中断没有被屏蔽；

(4)无同级或高级中断正在服务。

在满足上述条件的基础上，单片机就可以响应新的中断请求。

单片机会在每个机器周期按照设定的优先顺序逐个查询中断请求标志位，如果查到某个中断请求标志位为 1，且满足响应该中断的上述条件，就可以在下一个机器周期予以响应。

2. 中断处理

如果中断响应条件满足，CPU 就响应中断。

单片机的主程序是从 0x0000 开始运行的，在 51 单片机里，有多个中断服务程序入口，0 号入口是外部中断 0，地址在 0x0003；1 号入口是定时器 0，地址在 0x000B；2 号入口是外部中断 1，地址在 0x0013；3 号入口是定时器 2，地址在 0x001B。当中断发生时，程序就记下当前运行的位置，跳到对应的中断入口去运行中断服务程序，运行完之后，又跳回到原来的位置继续运行。

实际上，用 C 语言进行单片机中断程序设计时，不用理会中断服务程序放在哪里，会怎么跳转，你只要把某个函数标识为几号中断服务函数就可以了。在发生了对应的中断时，就会自动的运行这个函数。

四、中断请求的撤销

1. 定时器/计数器中断请求的撤销

中断响应后，为了能够接收新的或更高级的中断请求，应该及时清除中断请求标志。在 80C51 型单片机中，定时器/计数器中断请求标志 TF0/TF1 是在响应中断后由硬件自动清除的。

2. 外部中断请求的撤销

(1)当外部中断为脉冲触发方式时，中断标志的清零和外部中断信号的撤销有关，其中中断标志位 IE0 或 IE1 的清零是在中断响应后由硬件自动完成的，而外部中断信号的撤销，由于下降沿信号过后也就消失了，所以脉冲触发方式的外部中断请求也是自动撤销的。即外部中断请求标志 IE0/IE1 也是在响应中断后由硬件自动清除的。

(2)当外部中断为电平触发方式时，中断请求标志的撤销是自动的，当本次中断请求已被响应后，若 $\overline{INT0}$ 管脚的低电平没有及时撤除，可能继续存在，会把已经清零的 IE0 或 IE1 重新置 1，就有可能再次引起中断。即存在一次申请多次响应的情况。为了解决这个问题，必须在中断响应后把中断信号从低电平强制改为高电平。可以采用图 5-3 所示方法，外部中断请求信号不直接加在 $\overline{INT0}$ 引脚上，而是加在 D 触发器的 CLK 时钟端。由于 D 端接地，当外部中断请求的正脉冲信号出现在 CLK 端时，D 触发器置 0 使 $\overline{INT0}$ 有效，向 CPU 发出中断请求。

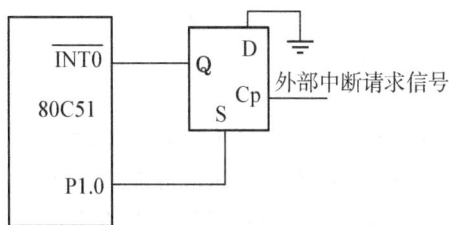

图 5-3　外部中断电平触发方式撤除方法

3. 串口中断请求的撤销

对于串行口中断请求标志 TI/RI，这两个中断标志不会自动清零，那么 CPU 无法知道是接收还是发送，还需要测试这两个位的状态是接收还是发送，然后才能清除。应在中断服务程序中由软件清除，程序实现方式：

        TI＝0；

或

        RI＝0；

五、中断服务程序设计认知

1. 设置中断允许控制寄存器 IE

允许相应的中断请求源中断，使用设计语句为：

        EA＝1；   //开总中断
        EX0＝1；   //开外部中断 0

2. 设置中断优先级寄存器 IP

如果需要设置哪一个中断源为高优先级，只需要将 IP 寄存器中对应的位置 1 即可。例如，将单片机的 2 个外部中断设为高优先级，其他中断为低优先级的步骤如下：

        PS＝0；
        PX0＝1；
        PX1＝1；
        PT0＝0；
        PT1＝0；

也可用字节操作：

        IP＝0X05；

3. 设置中断触发方式

若是外部中断，在程序设计中，还需要设置中断触发方式 IT1 或者 IT0，使用设计语句为：

        IT0＝0；   //设置电平触发方式
        IT0＝1；   //设置下降沿触发方式

4. 编写中断服务程序，处理中断请求

中断服务程序函数声明为：

        void exter0() interrupt 0

其中：

void 表示函数类型为空，无返回值；

exter0 表示函数名称，可以任意定义；

interrupt 表示中断函数的关键字；

0 表示中断序号，不同的中断源对应不同的中断序号，如表 5-6 所示。

表 5-6　中断序号表

中断源	中断序号
外部中断 0	0
定时器 T0	1
外部中断 1	2
定时器 T1	3
串行口中断	4

▶知识点 3　外部中断的结构与控制

在使用外部中断前，必须深入理解外部中断的结构与控制。在图 5-1 中，清楚地描述了外部中断的结构，与外部中断有关的控制位有：触发方式控制位 IT0 或 IT1，中断源允许位 EX0 或 EX1，优先级控制位 PX0 或 PX1，中断总控位 EA，中断标志位 IE0 和 IE1。因此，在编写外部中断应用程序前，必须完成这些控制位的设置。

中断标志位 IE0 和 IE1，当 CPU 检测到 $\overline{INT0}$(P3.2)或 $\overline{INT1}$(P3.3)端有中断请求信号时，由硬件置位，使 IE0＝1 或 IE1＝1 请求中断，中断响应后转向中断服务程序时，由硬件自动清零。所以，在程序中不需要对中断标志位 IE0 和 IE1 进行控制。外部中断示例程序如程序 5-1 所示。

程序 5-1：外部中断 $\overline{INT0}$ 的示例程序

```
#include <reg51.h>
void   init_int0(void)        //外部中断 INT0 的初始化函数
{
    IT0＝1；               //下降沿触发
    PX0＝1；               //高优先级
    EX0＝1；               //允许外部 INT0 中断
    EA＝1；                //开总中断
}
void main(void)
{
    init_int0()；          //启动外部中断 INT0,外部中断时自动执行对应服务程序
    while(1)；             //无限循环,等待外部中断
}
void int0(void)   interrupt 0    // INT0 中断服务程序,中断号:interrupt 0
{
    /＊在此设计 INT0 外部中断服务程序功能＊/
}
```

▶知识点 4　定时中断的结构与控制

在使用定时中断前，必须深入理解定时器的管理控制和定时中断结构与控制。与定时器的管理与控制有关的寄存器有：工作方式寄存器 TMOD，控制位 TR0 和 TR1。另外，在图 5-1 中，清楚地描述了两个定时中断的结构，与定时中断有关的控制位有：中断源允许位 ET0 或 ET1，优先级控制位 PT0 或 PT1，中断总控位 EA，中断标志位 TF0 和 TF1。因此，在编写定时中断应用程序前，须完成这些有关的设置。下面以定时器 T1 的初始化函数为例，帮助我们深入理解定时中断的结构与控制，定时器 T1 的初始化函数程序如程序 5-2 所示。

程序 5-2：定时器 T1 中断初始化函数

```
#define FOSC 11059200L
#define T5MS (65536-FOSC /12/200)          //5 ms 定时,初始值定义
void init_T1(void)
{
        TMOD|=0x10;                          //工作方式 1
        TH1=T5MS>>8;                         //5 ms 定时,初始值定义
        TL1=T5MS;                            //5 ms 定时,初始值定义
        TR1=1;                               //开定时中断
        PT1=0;
        ET1=1;
        EA=1;
}
```

在使用定时器时，我们可能需要完成多个不同的定时任务，而定时器有限，所以应该掌握一个定时器完成多个定时任务的使用方法。下面以完成 0.1 s、1 s 和 1 min 这三个定时任务的定时器 T1 中断服务程序为例，帮助我们掌握定时器 T1 的使用方法和技巧，如程序 5-3 所示。

程序 5-3：定时器 T1 中断服务程序

```
unsigned int  numT1=0;
void int_T1(void) interrupt 3        //定时器 1 的中断号为 3
{
        TH1=T5MS>>8;                  //5 ms 定时,初始值定义
        TL1=T5MS;                     //5 ms 定时,初始值定义
        numT1++;
        if(numT1%20==0)               //每 0.1 s 执行一次
        {
            /* 在此定义执行周期为 0.1 秒的任务 1 */
        }
        if(numT1%200==0)              //每 1 s 执行一次
```

```
    {
        /* 在此定义执行周期为 1 秒的任务 2 */
    }
    if(numT1>=12000)              //每 1 min 执行一次,并 numT1 计数归零
    {
        /* 在此定义执行周期为 1 min 的任务 3 */
        numT1=0;
    }
}
```

▶ 知识点 5   串口中断的结构与控制

在使用串口中断前,必须熟练掌握串口的结构原理与控制,定时器 T1 作为串口波特率发生器使用方法,深入理解串口中断结构与控制。串口的管理与控制有关的寄存器有:SCON 和 PCON;定时器 T1 作为串口波特率发生器使用有关的寄存器有:TMOD、TH1、TL1 和 TR1;另外,在图 5-1 中,清楚地描述了串口中断的结构,与定时中断有关的控制位有:中断源允许位 ES、优先级控制位 PS、中断总控位 EA、发送中断标志 TI 和接收中断标志 RI。因此,在编写串口中断应用程序前,须完成这些有关的设置。下面以串口的初始化函数为例,帮助我们深入理解串口中断的结构与控制,串口的初始化函数程序如程序 5-4 所示。

程序 5-4:串口中断初始化函数

```
void init_uart0(void)
{
    SCON=0x50;          //串口工作方式 1:8 b、无奇偶校验、1 位停止;允许接收数据
    PCON=0x00;          //电源控制寄存器 PCON:SMOD=0
    TMOD|=0x20;         //T1 工作方式 2:自动重载工作方式
    TH1=0x0FD;          //9600 b/s
    TL1=0x0FD;
    TR1=1;              //启动定时器 T1
    PS=1;               //高优先级
    ES=1;               //串口中断允许
    EA=1;               //开总中断
}
```

在使用串口中断时,我们可能需要设计一个串口中断服务程序,串口中断号为 4。下面以串口数据接收中断服务程序为例,帮助我们理解掌握串口中断的编程方法和技巧,如程序 5-5 所示。

程序 5-5:串口中断服务程序

```
char buffer;
void uart0_ISR(void)interrupt 4
```

```
    {
        if(RI)
    {
        ES=0;              //关串口中断,接收一串数据时必需
        RI=0;              //需程序清除串口中断标记
        buffer=SBUF;       //取数据到缓冲区 buffer
        ES=1;              //开串口中断
    }
    }
```

在中断服务程序中,串行发送中断标志 TI 和接收中断标志 RI 是同一个中断源,CPU 事先不知道是发送中断 TI 还是接收中断 RI 产生的中断请求,所以,在全双工通信时,必须由软件来判别。发送中断标志 TI 和接收中断标志 RI 由硬件置位,但须由软件清除 RI 和 TI。

项目实施

本次项目的实施过程,我们将分为 4 个步骤进行:
(1)确定倒计时显示器整体设计方案;
(2)系统硬件设计;
(3)编写控制程序;
(4)下载程序并调试倒计时显示器完成项目控制功能。

一、确定倒计时显示器整体设计方案

根据项目要求,回答问题的时间为 9 s,因此倒计时显示器可以使用一个 LED(light emitting diode)发光二极管显示器显示时间。

LED 发光二极管显示器是一种当有电压加在发光二极管上就产生可见光的器件,具有体积小、重量轻、工作电压低、稳定、寿命长、响应时间短(一般不超过 $0.1\ \mu s$)、发光均匀、清晰、亮度高等优点。

常用的 LED 数码显示器由 7 个发光二极管组成,称七段 LED 显示器,LED 显示器排列形状如图 5-4 所示。此外,还可以有一个发光二极管 dp 用于显示小数点。一般说的 LED 显示器均指这种分段式 LED 显示器。

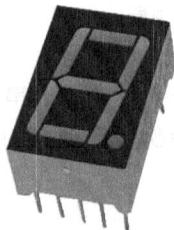

图 5-4 LED 显示器外形

LED 显示器通过 7 个发光二极管亮暗的不同组合，可以显示多种数字、字母等。LED 显示器中的发光二极管共有两种连接方法：共阳极接法和共阴极接法，如图 5-5 所示。

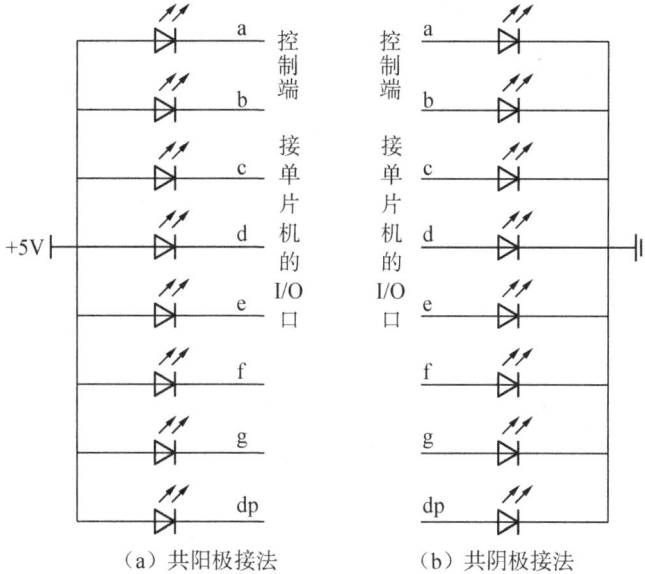

图 5-5　LED 显示器的连接方法

如使用共阳极数码管，控制端输出 0 表示对应字段亮，输出 1 表示对应字段暗；如使用共阴极数码管，数据为 0 表示对应字段暗，数据为 1 表示对应字段亮。图 5-6 为显示一位数字时连接图。

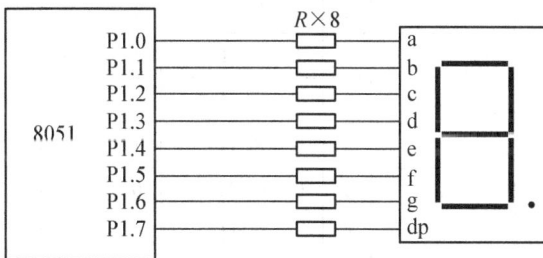

图 5-6　1 位 LED 显示器连接图

为了显示数字、字符等符号，要为分段式 LED 显示器提供显示字形段码。字形段码既可以由硬件译码来得到，也可以由软件查表方法来获得。

LED 显示器的各段码位的对应关系如表 5-7 所示。

表 5-7　LED 显示器各段码位对应表

代码位	D7	D6	D5	D4	D3	D2	D1	D0
显示段	dp	g	f	e	d	C	b	a

如要显示"0"，共阳极数码管的字形编码应为：11000000B（C0H）；共阴极数码管

的字形编码应为：00111111B(3FH)。在程序设计时，表5-8作为表格存在程序存储器中，通过改变表格内容可以显示不同的字符。所以，用软件译码字形显得比较有灵活性。

表 5-8 LED 显示器的段码表

显示字符	字形	共阳极									共阴极								
		dp	g	f	e	d	c	b	a	段码	dp	g	f	e	d	c	b	a	段码
0	0	1	1	0	0	0	0	0	0	C0H	0	0	1	1	1	1	1	1	3FH
1	1	1	1	1	1	1	0	0	1	F9H	0	0	0	0	0	1	1	0	06H
2	2	1	0	1	0	0	1	0	0	A4H	0	1	0	1	1	0	1	1	5BH
3	3	1	0	1	1	0	0	0	0	B0H	0	1	0	0	1	1	1	1	4FH
4	4	1	0	0	1	1	0	0	1	99H	0	1	1	0	0	1	1	0	66H
5	5	1	0	0	1	0	0	1	0	92H	0	1	1	0	1	1	0	1	6DH
6	6	1	0	0	0	0	0	1	0	82H	0	1	1	1	1	1	0	1	7DH
7	7	1	1	1	1	1	0	0	0	F8H	0	0	0	0	0	1	1	1	07H
8	8	1	0	0	0	0	0	0	0	80H	0	1	1	1	1	1	1	1	7FH
9	9	1	0	0	1	0	0	0	0	90H	0	1	1	0	1	1	1	1	6FH
A	A	1	0	0	0	1	0	0	0	88H	0	1	1	1	0	1	1	1	77H
B	B	1	0	0	0	0	0	1	1	83H	0	1	1	1	1	1	0	0	7CH
C	C	1	1	0	0	0	1	1	0	C6H	0	0	1	1	1	0	0	1	39H
D	D	1	0	1	0	0	0	0	1	A1H	0	1	0	1	1	1	1	0	5EH
E	E	1	0	0	0	0	1	1	0	86H	0	1	1	1	1	0	0	1	79H
F	F	1	0	0	0	1	1	1	0	8EH	0	1	1	1	0	0	0	1	71H
H	H	1	0	0	0	1	0	0	1	89H	0	1	1	1	0	1	1	0	76H
L	L	1	1	0	0	0	1	1	1	C7H	0	0	1	1	1	0	0	0	38H
P	P	1	0	0	0	1	1	0	0	8CH	0	1	1	1	0	0	1	1	73H
R	R	1	1	0	0	1	1	1	0	CEH	0	0	1	1	0	0	0	1	31H
U	U	1	1	0	0	0	0	0	1	C1H	0	0	1	1	1	1	1	0	3EH
Y	Y	1	0	0	1	0	0	0	1	91H	0	1	1	0	1	1	1	0	6EH
—	—	1	0	1	1	1	1	1	1	BFH	0	1	0	0	0	0	0	0	40H
.	.	0	1	1	1	1	1	1	1	7FH	1	0	0	0	0	0	0	0	80H
熄灭	灭	1	1	1	1	1	1	1	1	FFH	0	0	0	0	0	0	0	0	00H

通过对 LED 数码管的认知，要驱动数码管显示数字，需要传输 8 位二进制段码给数码管，可以使用 51 单片机的一组并行接口或者是串行接口，这里我们选择使用串口进行传输，并且使用串口中断方式进行。

倒计时显示器显示的时间每经过 1 s 变化一次，因此需要使用定时器定时，这里选用 51 单片机的定时器 T0 完成 1 s 定时。在前面的项目中我们已经介绍过了使用查询方式多次定时的方法，这里我们使用定时中断方式。

本项目需要使用两个按钮开关，一个是抢答开关，另一个是复位开关。在系统运行的过程中需要随时判断这两个开关是否按下，如果采用查询方式，会大量占用 CPU 资源，因此这里使用中断方式，两个开关分别使用外部中断 0 和外部中断 1。

经过上述分析，本项目需要使用外部中断 0、外部中断 1、定时器 T0 中断、串行中断来完成控制要求。

二、系统硬件设计

在前面，我们介绍了单片机串行输出数据给 8 个 LED 灯，使用了 74LS164 移位寄存器。而在本项目中使用了共阴极的 LED 数码管，其内部结构与 8 个 LED 灯的接口电路相似，因此也采用 74LS164 进行串并转换。74LS164 的 3 号引脚输出最高位信号，13 号引脚输出最低位信号，因此在和 LED 数码管连接时，3 号引脚和数码管的 dp 端子相连，而 13 号引脚和数码管的 a 端子相连，如图 5-7 所示。

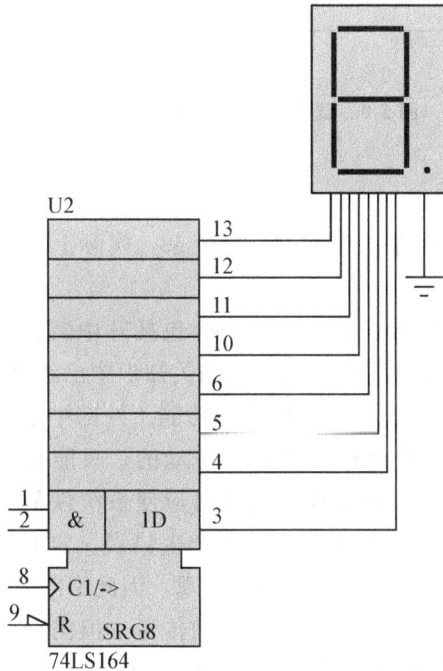

图 5-7 LED 数码管接口电路

外部中断采用边沿触发方式，中断请求信号为下降沿。使用按钮开关和电阻构成图 5-8 所示的电路，按下按钮即可产生下降沿信号。将这个信号传输到外部中断输入引脚 $\overline{INT0}$ 和 $\overline{INT1}$ 可触发中断事件。

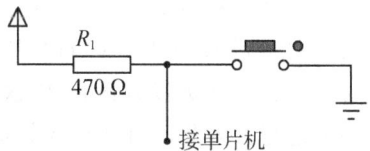

图 5-8 按钮开关电路

本项目的硬件电路设计如图 5-9 所示。

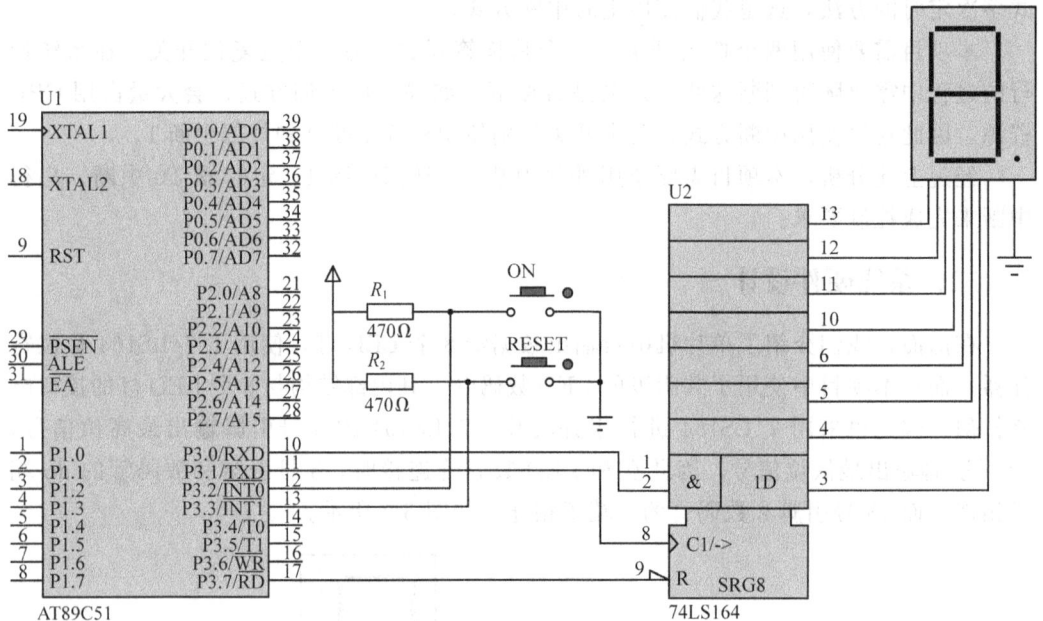

图 5-9　倒计时显示器硬件电路原理图

三、编写控制程序

本项目涉及多个中断程序，看上去有些复杂，实际上只需要把每个中断要完成的功能划分清楚即可。

首先，需要对中断系统进行初始化，内容包括开中断、外部中断触发方式、定时器和串行口的初始化，这部分内容在前面的相关知识中已经做了详细介绍。

接着，我们来看 4 个中断服务子程序的功能。外部中断 0 完成抢答按钮功能，即启动定时器，但定时器不是任何时候都可以启动的，只能在初始显示时间为 9 时才能启动。外部中断 1 完成复位按钮功能，复位时应使系统恢复为初始状态，但定时器在运行时不能进行复位操作，否则显示时间会产生错误。定时器 T0 中断完成 50 ms 定时，项目要求定时 1 s，累计定时 20 次即可实现，因此中断服务子程序中需要对定时次数进行统计。串行中断完成对显示时间数据的传送，但需要注意的是，若显示时间没有改变，是不需要再次传送数据的。因此，串行中断在系统运行过程中不是一直打开的。

什么时候需要开启串行中断呢？当显示的时间数值发生变化时，也就是定时 50 ms 的次数达到 20 次时，串行中断开启，传递新的显示数据给 LED 数码管；反之，若定时 50 ms 的次数没有达到 20 次，则需要关闭串行中断。中断的开启和关闭只能在主程序中进行，因此，对计数次数是否为 20 次也只能在主程序中进行判断。

最后，根据上述分析完成倒计时显示器的程序设计。参考程序为程序 5-6。

程序 5-6：倒计时显示器参考程序

```
#include<reg51.h>
int time=9;                          //初始显示时间为9
int count=0;                         //定时1 s时,多次定时计数
char show[]={0x3f,0x06,0x5b,0x4f,0x66,0x6d,0x7d,0x07,0x7f,0x6f};
                                     //共阴极数码管显示段码
void main()
{
    IE=0X87;                         //开启4个中断
    IT0=1;
    IT1=1;                           //外部中断触发方式设置为边沿触发
    TMOD=0X01;                       //定时器T0工作在方式1
    TH0=0X3C;
    TL0=0XB0;                        //定时50 ms的初始值
    SCON=0X02;                       //串口初始化,使用同步通信方式
    SBUF=show[time];                 //串口传输第一个数显示器显示初始时间9
    TI=0;
    while(1)
    {
        if(count==20)                //定时计数达到20,表示已定时1 s
        {
            time--;                  //显示器显示数据减1
            count=0;                 //计数值归零
            ES=1;                    //开启串行中断,发送新的显示时间
            if(time==0)              //显示时间为0表示时间到,定时器停止
                TR0=0;
        }
        else    //定时计数未达到20,则不需要改变显示数值,关闭串行中断
            ES=0;
    }
}
void on() interrupt 0                //外部中断0子程序,抢答按钮
{
    if(time==9)                      //显示时间为9时才能启动定时器
        TR0=1;
}
void reset() interrupt 2             //外部中断1子程序,复位按钮
{
    if(! TR0)                        //定时计数关闭时才能进行复位
    {
        time=9;
        count=0;
```

```
        ES=1;
    }
}
void Time_50ms() interrupt 1          //定时器 T0 中断子程序,定时 50 ms
{
    count++;                          //定时 50 ms,计数加 1
    TH0=0X3C;
    TL0=0XB0;                         //重赋初值
}
void send() interrupt 4              //串行中断子程序,发送即时时间
{
    SBUF=show[time];
    TI=0;
}
```

四、下载程序并调试倒计时显示器完成项目控制功能

将程序编译生成对应的 hex 文件后,可加载到 Proteus 仿真电路中进行功能验证,根据观察到的现象对程序进行修改,直至完全符合项目控制功能。在有条件的情况下,可配齐所需元器件,制作项目的硬件电路,将程序按照前面项目讲述过的方法下载进行验证。

项目测评

项目5　倒计时显示器测评表						
项目实施内容	评价内容	评价依据	优秀	良好	合格	继续努力
硬件电路设计 (30分)	电路原理图 仿真设计	能否正常仿真, 功能无误				
	倒计时显示器 电路焊接制作	焊接工艺				
软件设计 (50分)	中断系统初始化	1. 结构完整 2. 语法正确				
	外部中断子程序	1. 结构完整 2. 语法正确				
	定时中断子程序	1. 结构完整 2. 语法正确				
	串口中断子程序	1. 结构完整 2. 语法正确				

续表

项目实施内容	评价内容	评价依据	优秀	良好	合格	继续努力
项目调试（20分）	程序正确性	有无语法错误				
	功能完整度	完成功能数				
总评						

项目 5 倒计时显示器测评表

思考与练习

1. 如果 8051 单片机同时收到几个中断请求，此时单片机如何响应这些中断请求？

2. 80C51 单片机有 5 个中断源，但只能设两个中断优先级，因此，在中断优先级安排上受到一定限制。试问以下几种中断优先顺序的安排（级别由高到低）是否可能？若可能，则应如何设置中断源的中断级别？否则，请简述不可能的理由。

(1) 定时器 0 溢出中断，定时器 1 溢出中断，外部中断 0，外部中断 1，串行口中断；

(2) 串行口中断，外部中断 0，定时器 0 溢出中断，外部中断 1，定时器 1 溢出中断；

(3) 外部中断 0，定时器 1 溢出中断，外部中断 1，定时器 0 溢出中断，串行口中断；

(4) 外部中断 0，外部中断，串行口中断，定时器 0 溢出中断，定时器 1 溢出中断；

(5) 外部中断 1，外部中断 0，定时器 0 溢出中断，串行口中断，定时器 1 溢出中断；

(6) 外部中断 0，定时器 1 溢出中断，定时器 0 溢出中断，外部中断 1，串行口中断。

项目 6　LED 显示牌

项目描述

　　显示器普遍用于直观显示数字系统的运行状态和工作数据，按照材料及生产工艺，单片机应用系统中最常用的显示器为发光二极管 LED 显示器。本项目要求使用 51 单片机制作一个 LED 显示牌，该显示牌可显示 4 位数字。

学习目标

【知识目标】

1. 掌握 LED 数码管静态显示技术；
2. 掌握 LED 数码管动态显示技术；
3. 掌握 LED 数码管动态显示编程方法和技巧；
4. 掌握常用的 LED 显示接口电路。

【技能目标】

1. 学会使用 LED 显示器显示数字和字符；
2. 掌握软件译码方法。

【素质目标】

1. 增长知识，提高能力，培养科学精神、科学方法和科学态度。
2. 培养学生爱岗敬业精神、增强团结协作意识。

相关知识

▶ 知识点 1　LED 显示器的显示控制方式

　　在上一个项目中我们已经介绍过 LED 显示器的显示原理，接下来我们重点介绍多个数码管构成的 LED 显示器(图 6-1)的显示控制方式。

　　LED 显示器的显示控制方式按驱动方式可分成静态显示和动态显示两种方式；按 CPU 向显示器接口传送数据的方式可分成并行传送和串行传送两种方式；按显示器接口是否带译码器可分成译码和非译码两种方式。

图 6-1　LED 显示器

　　1. 静态显示方式和动态显示方式

　　静态显示是指数码管显示某一字符时，相应的发光二极管恒定导通或恒定截止，每个显示器通电占空比为 100%。静态显示的优点是显示稳定，亮度高；缺点是相对于动态

显示占用硬件电路(I/O 口、驱动器等)多(N 个显示器共占用 N 个显示数据驱动器)。另外，这种方法占用 CPU 时间少，显示便于监测和控制，但硬件电路比较复杂，成本较高。

静态显示的特点是每个数码管必须接一个 8 位锁存器用来锁存待显示的字形码。送入一次字形码显示字形，一直保持，直到送入新字形码为止。图 6-2 所示为 4 位静态 LED 显示器电路。

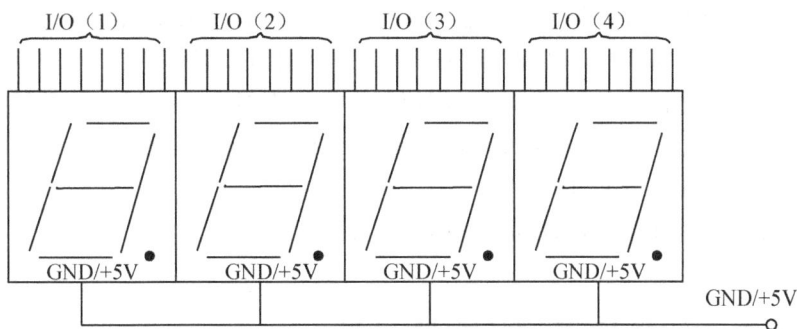

图 6-2　4 位静态 LED 显示器电路

动态显示是一位一位地轮流点亮各位数码管，这种逐位点亮显示器的方式称为位扫描。

动态显示中，N 个显示器共占用一个显示数据驱动器，每个显示器通电占空比为 $1/N$。动态显示的优点是节省硬件电路(I/O 口、驱动器等)；缺点是若采用软件扫描时占用 CPU 时间多，而如采用硬件扫描时将增加硬件成本，除此之外，当动态显示位数较多时，显示器亮度将受到影响。在动态方式中，逐个循环地点亮各位显示器，虽然在任一时刻只有一位显示器被点亮，但是由于人眼具有视觉残留效应，看起来与全部显示器持续点亮效果完全一样。

为了实现 LED 显示器的动态扫描，除要给显示器提供段(字形代码)的输入之外，还要对显示器加位控制，这就是通常所说的段控和位控。因此多位 LED 显示器接口电路需要有两个输出口，其中一个用于输出 8 条段控线(有小数点显示)；另一个用于输出位控线，位控线的数目等于显示器的位数，如图 6-3 所示为 8 位动态 LED 显示器电路。

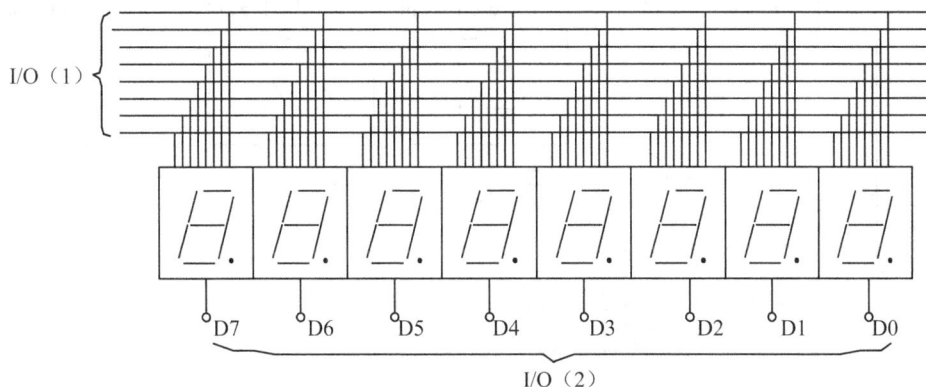

图 6-3　8 位动态 LED 显示器电路

2. 译码显示数据方式和非译码显示数据方式

(1)译码显示数据方式

显示器接口不包含译码器，这时，必须用软件来完成硬件译码所完成的功能，软件用查表方法实现把每一位 BCD 码或十六进制数转变为相应的字形段码读出，然后输出到 LED 显示器上显示。

(2)非译码显示数据方式

若显示器接口包含译码器、驱动器等，则使用专门的译码器就可以把一位 BCD 码或十六进制数(4 位二进制)译码为相应的字形段码，并提供足够的功率去驱动发光二极管。使用这种接口方法，软件简单，仅需使用一条输出指令输出每一位 BCD 码或十六进制数就可以进行 LED 显示，但使用硬件却比较多，而硬件译码又缺乏灵活性。常用的译码器芯片有 7447、MC14495 等。

这两种显示方式体现了硬件和软件的等价性。

▶ 知识点 2   LED 显示接口电路设计

对于多位 LED 显示器，通常都是采用动态扫描的方法进行显示，可用硬件译码或软件译码方式实现。

1. 硬件译码 LED 动态显示器接口电路

如图 6-4 所示，使用这种接口方法，虽然软件简单，但占用硬件却比较多，而硬件译码又缺乏灵活性(如 MC14495 译码器显示二进制或 BCD 码，字形不能改变)。在实际应用中使用较为普遍的是以软件来代替硬件译码。

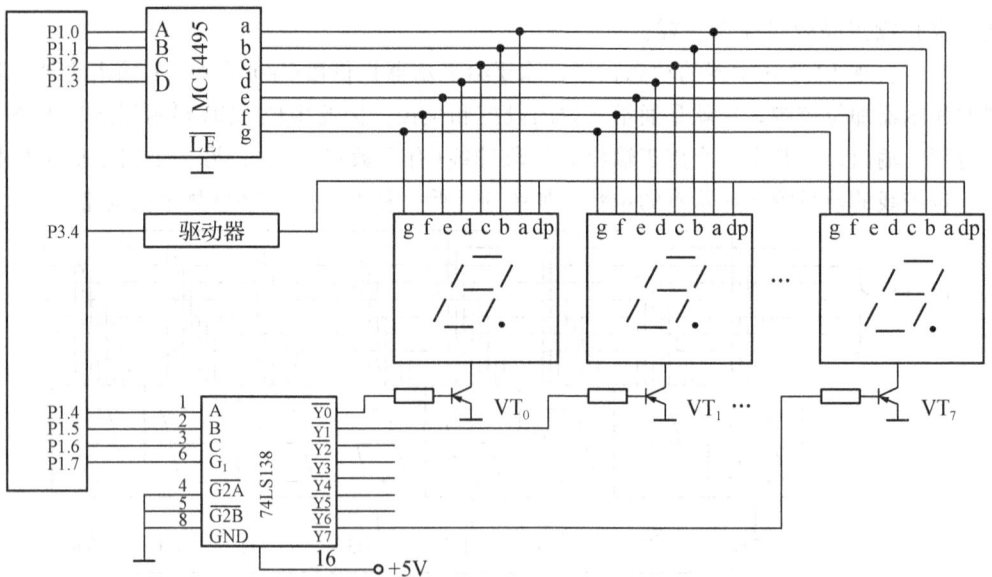

图 6-4   硬件译码 LED 动态显示器接口电路

2. 软件译码 LED 动态显示器接口电路(图 6-5)

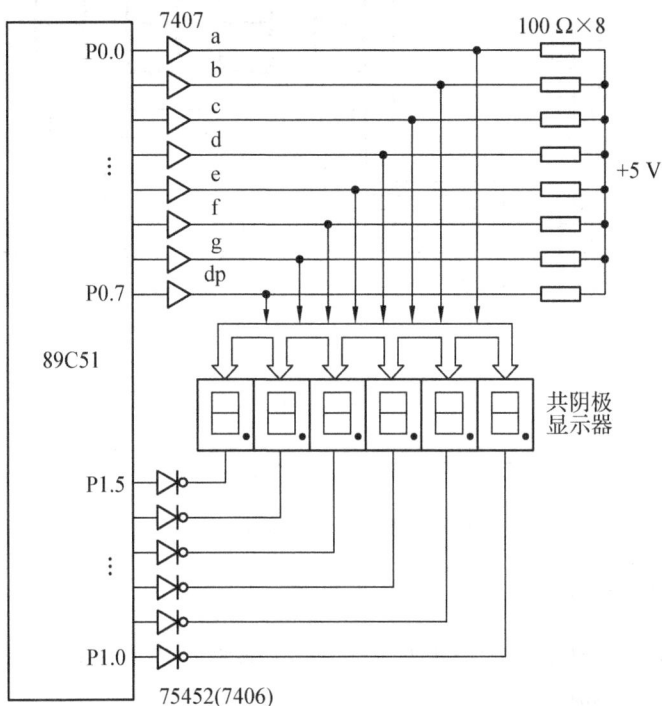

图 6-5　软件译码 LED 动态显示器接口电路

📞 **项目实施** ────────────────────────●

本次项目的实施过程,我们将分 3 个步骤进行:

(1)LED 显示牌硬件电路设计;

(2)编写控制程序;

(3)下载程序并调试 LED 显示牌,完成项目控制功能。

一、LED 显示牌硬件电路设计

根据项目要求,LED 显示牌需要显示 4 位数字,因此选用 4 个共阳极 LED 数码管,它的 8 位段选码由单片机的 P2(P2.0～P2.7)端口输出,其 4 个位选码 S1～S4 由单片机的 P1.4～P1.7 引脚控制(低电平有效)。硬件电路如图 6-6 所示。

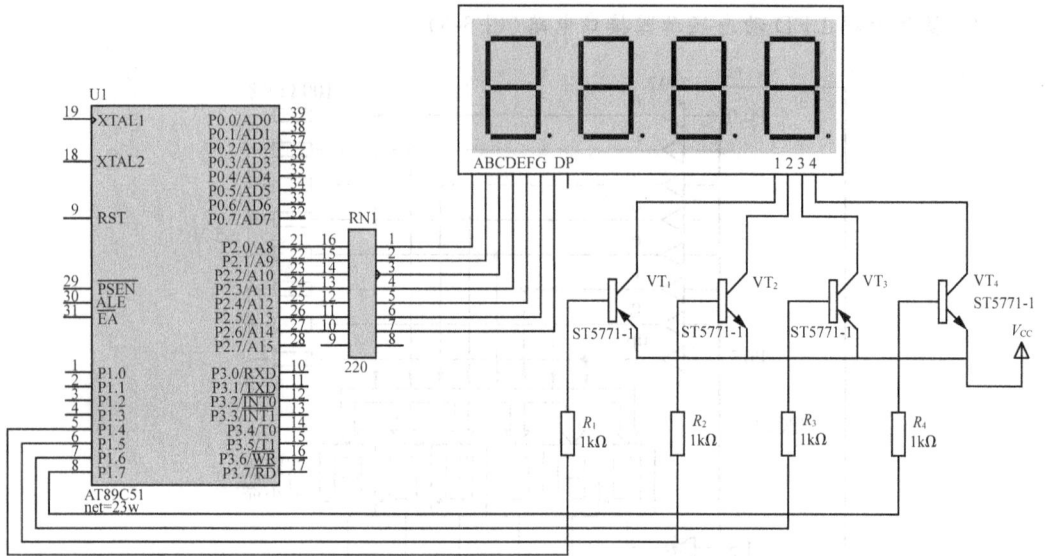

图 6-6　LED 显示牌硬件电路

二、编写控制程序

多位 LED 数码管动态显示，其实是一个各位数码分时显示循环扫描的过程，其动态显示扫描的流程，如图 6-7 所示。

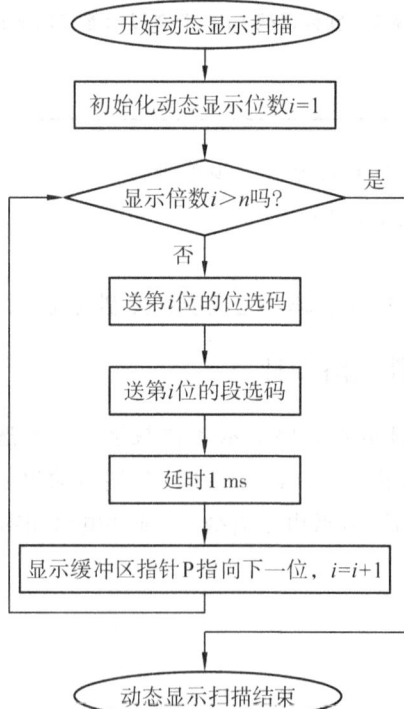

图 6-7　n 位 LED 数码管动态显示扫描流程图

  按照图 6-7 所示的流程，编写 n 位 LED 数码管动态显示扫描函数，如程序 6-1 所示。

  程序 6-1：n 位 LED 数码管动态显示函数

```
#defineIO_LED    P2
sbit LED1= P1^4;
sbit LED2= P1^5;
sbit LED3= P1^6;
sbit LED4= P1^7;
                                            //7 段 LED 共阳极接法译码表
unsigned char code SEG[]={0xc0,0xf9,0xa4,0xb0,0x99,0x92,0x82,0xf8,0x80,0x90};
                                            //n 位 LED 数码管动态显示函数
void LED_DISPLAY(unsigned char * p,unsigned char n)
{    unsigned char  i;
     for(i=1;i<=n;i++)
     {
         IO_LED=0xFF;
         switch(i)
         {
             case 1:LED1=0;LED2=1;LED3=1;LED4=1;break;
             case 2:LED1=1;LED2=0;LED3=1;LED4=1;break;
             case 3:LED1=1;LED2=1;LED3=0;LED4=1;break;
             case 4:LED1=1;LED2=1;LED3=1;LED4=0;break;
         }
         IO_LED=SEG[ * p];
         p++;
         delay_nus(100);              //延时函数
     }
     IO_LED=0xFF;
}
```

  程序 6-1 说明：LED_DISPLAY(unsigned char * p, unsigned char n)为 n 位 LED 数码管动态显示一次扫描函数，n 不大于 4(读者可修改成需要的位数)，形参 p 指向显示缓冲区，形参 n 为显示缓冲区有效长度。

  利用 n 位 LED 数码管动态显示函数 LED _ DISPLAY()，显示"2024"，其应用编程如程序 6-2 所示。

  程序 6-2：4 位 LED 数码管显示"2024"

```
#include<reg51. h>
void main(void)
{
    unsigned char p[4]={2,0,2,4};
    while(1)
```

```
    {
        LED_DISPLAY(p,4);
    }
}
```

三、下载程序并调试 LED 显示牌，完成项目控制功能

将程序编译生成对应的 hex 文件后，可加载到 Proteus 仿真电路中进行功能验证，根据观察到的现象对程序进行修改，直至完全符合项目控制功能。在有条件的情况下，可配齐所需元器件，制作项目的硬件电路，将程序按照前面项目讲述过的方法下载进行验证。

项目测评

项目实施内容	评价内容	评价依据	优秀	良好	合格	继续努力
硬件电路设计（30 分）	电路原理图仿真设计	能否正常仿真，功能无误				
	LED 显示牌电路焊接制作	焊接工艺				
软件设计（50 分）	单片机程序结构完整	1. 结构完整 2. 语法正确				
	数码管动态显示程序	1. 结构完整 2. 语法正确				
项目调试（20 分）	程序正确性	有无语法错误				
	功能完整度	完成功能数				
总评						

项目 6　LED 显示牌测评表

思考与练习

1. LED 显示器的静态显示和动态显示有什么区别？

2. 硬件译码 LED 动态显示电路使用了哪些芯片？作用分别是什么？

3. 在 LED 数码管动态显示过程中，每一位 LED 数码管显示的时间设计过长，对显示效果会有什么影响？

项目 7　4×4 矩阵键盘

📋 项目描述 ————————————————————————●

在单片机应用系统中，键盘是实现人机交互的关键部件。键盘能实现向应用系统输入数据、传送命令等功能，是人工干预应用系统的主要手段。本项目要求使用 51 单片机制作一个 4×4 矩阵键盘系统，键盘中的 16 个按键的键值为十六进制的 16 个元素，按下其中一个按键，可在一个 LED 数码管中显示其对应的键值。

🎓 学习目标 ————————————————————————●

【知识目标】

1. 了解键盘及键盘接口的种类；

2. 理解键盘处理流程；

3. 掌握独立式键盘接口的工作原理及使用方法；

4. 掌握矩阵式键盘接口的工作原理及使用方法；

5. 掌握独立式键盘的程序设计与编写方法。

【技能目标】

1. 能够独立设计和编写矩阵式键盘读取程序；

2. 提高 C 语言程序设计、编写与调试能力。

【素质目标】

1. 增强综合素质，培养严谨、细致、务实的职业素质；

2. 培养综合能力、创新思维、科学精神。

🔒 相关知识 ————————————————————————●

▶ 知识点 1　键盘的认知

一、常见的按键开关

按键开关是一个控制系统中常用的器件，单片机应用系统中经常使用的按键开关如图 7-1 所示。

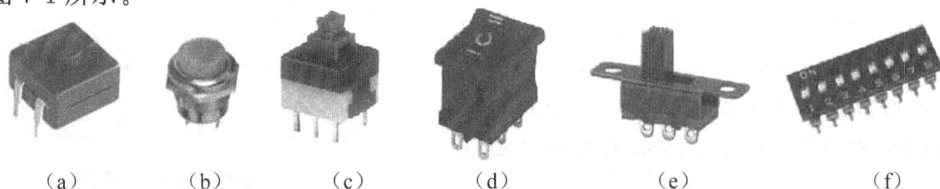

(a)　　　(b)　　　(c)　　　(d)　　　(e)　　　(f)

图 7-1　单片机应用系统中经常使用的按键开关

图 7-1 中，(a)(b)(c)是按键，分弹性按键和紧缩按键。弹性按键按下时，两个触点闭合导通，放开时，触点在弹力的作用下自动弹起，断开连接。紧缩按键没有弹性，按一下按键后，触点闭合导通并锁定在闭合状态，再按一下按键后触点才能断开。按键通常是 4 个或 6 个引脚，在使用前应先用万用表测试其引脚的通断状态，再进行正确连接。(d)(e)是拨动开关，可通过拨动手柄在两个状态之间切换。(f)是拨码开关，相当于多个拨动开关封装在一起，体积小，适用方便，多用于二进制编码输入。

二、键盘及键盘接口的种类

键盘是一组按键或开关的集合，是单片机系统中最常用的一种输入设备。键盘按不同接口标准有不同分类方法。

按键盘接口是否进行硬件编码，可分成编码方式和非编码方式。这两类键盘的主要区别是识别键符及给出相应键码的方法不同。编码键盘主要用硬件来实现对按键的识别，硬件结构复杂；非编码键盘主要由软件来实现对按键的识别，硬件结构简单，软件编程量大。

按键盘排布，可分成独立方式(一组相互独立的按键)和矩阵方式(以行列组成矩阵)。

按读入键方式，可分成直读方式和扫描方式。

按 CPU 响应方式，可分成查询方式和中断控制方式。

当按键较少时，一般采用独立式键盘，而当按键较多时则采用矩阵方式(行列)键盘。采用矩阵式键盘时，CPU 响应方式一般是查询方式；采用独立式键盘时，CPU 响应方式既可以是查询方式也可以是中断方式。

三、键盘的特性及键盘输入中要解决的问题

从按一个键开始到按键的功能被执行主要包括两项工作：一是键的识别，即在键盘中找出被按的是哪个键；二是键功能的实现。第一项工作是使用接口实现的，而第二项工作则是通过执行键盘中断服务或键盘处理子程序来完成。键盘接口应完成的操作功能常是以软硬件结合的方式来完成，具体哪些由硬件完成哪些由软件完成，要看接口电路的情况。一般来说，硬件复杂软件就简单，硬件简单软件就会复杂一些。

1. 键的特性

键盘是由若干独立的键组成，每一个按键就是一个机械开关结构，被按下时，由于机械触点的弹性及电压突跳等原因，在触点闭合或断开的瞬间会出现电压抖动。当键按下时，按键从开始接触至接触稳定要经过数毫秒的弹跳时间，弹跳会引起一次按键被读入多次的情况。键松开时也有同样的问题。图 7-2 所示为按键抖动信号波形。

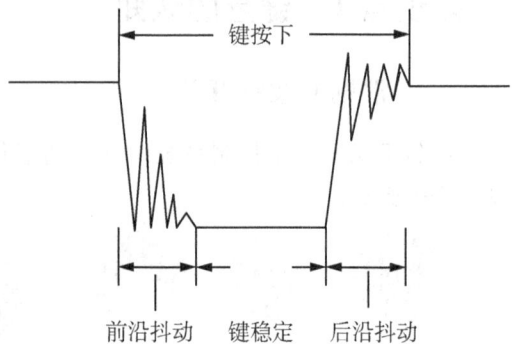

图 7-2　按键抖动信号波形

抖动必须消除，去抖动的方法主要有以下两种：硬件去抖动和软件去抖动。

图 7-3 所示为常用的硬件去抖动方法，通常在键数较少时，可用硬件去抖动。图中两个与非门构成一个 RS 触发器。当按键未按下时，输出为 1。当键按下时，输出为 0，此时即使由于按键的机械性能，按键因弹性抖动而产生瞬时断开(抖动跳开 B)，双稳态电路的状态也不改变，输出保持为 0，不会产生抖动的波形。也就是说，即使 B 点的电压波形是抖动的，但经双稳态电路之后，其输出为正规的矩形波。这一点通过分析 RS 触发器的工作过程很容易得到验证。

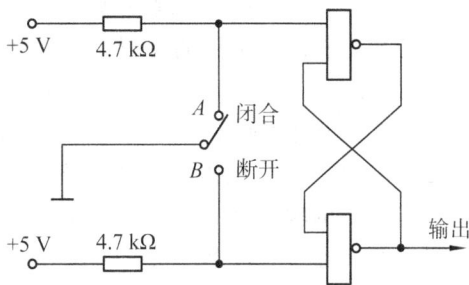

图 7-3　键合断时的电压抖动

如果按键较多，常用软件方法去抖动，即检测出键闭合后执行一个延时程序，产生 5～10 ms 的延时，让前沿抖动消失后，再一次检测键的状态，如果仍保持闭合状态电平，那么确认为真正有键按下。当检测到按键释放时，也要给 5～10 ms 的延时，待后沿抖动消失后，再一次检测键的状态，如果仍保持断开状态电平，那么确认为按键真正释放。

2. 键盘的识别

除要用一定的方法消除按键抖动外，还必须解决以下一些问题。

(1)检测是否有键按下。

(2)若有键按下，判定是哪一个键。

(3)确定被按键的含义。

(4)不管一次按键持续的时间有多长，仅认为按下按键一次。

(5)防止串键，对于同时有一个以上的键被按下而造成编码出错称为串码，有三种处理办法。

第一种方法是：对"两键同时按下"的情况，最简单的处理方法是当只有一个键被按下时才读取键盘的输出，并且认为最后仍被按下的键是有效的按键。这种方法常用于软件扫描键盘场合。

第二种方法是：当第一个键未松开时，按第二个键不起作用。这种方法常借助于硬件来实现。

第三种方法是：当有"n 个键同时按下"，处理这种情况时，或者不理会所有被按下的键，直至只剩下一个键按下时为止，或者将按键的信息存入内部键盘输入缓冲器，逐个处理。

▶ **知识点 2　独立式键盘接口认知**

独立式按键实际上就是一组相互独立的按键，这些按键一端直接与单片机的输入端连接。

MCS-51 单片机实现键盘接口的常用方法有：①使用单片机芯片本身的并行口；②使用单片机芯片本身的串行口；③使用简单芯片(74LS244 等)或使用通用接口芯片(如 8255、8155)；④使用专用接口芯片(如 8279 、ZLG7289A)。

图 7-4 为直接使用单片机 I/O 口扩展 4 个键盘独立式键盘的接口。每个按键独占一条 I/O 口线，单片机的输入口线经电阻接＋5 V 电源，键盘的另一端接地，无键按下时，单片机的输入口线状态皆为高电平，当某键按下时，该键对应单片机的输入口变为低电平，通过查询单片机 P1 口输入电平状态，即可判定有无按键及按键的位置。

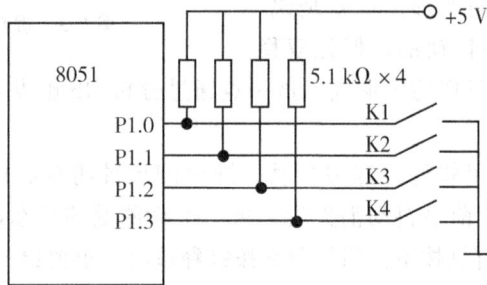

图 7-4   独立式键盘与单片机并行口直接连接

下面是查询方式的键盘程序。设 K1 键闭合则变量 k 等于 1，K2 键闭合则变量 k 等于 2，K3 键闭合则变量 k 等于 3，K4 键闭合则变量 k 等于 4。图 7-5 为程序框图。

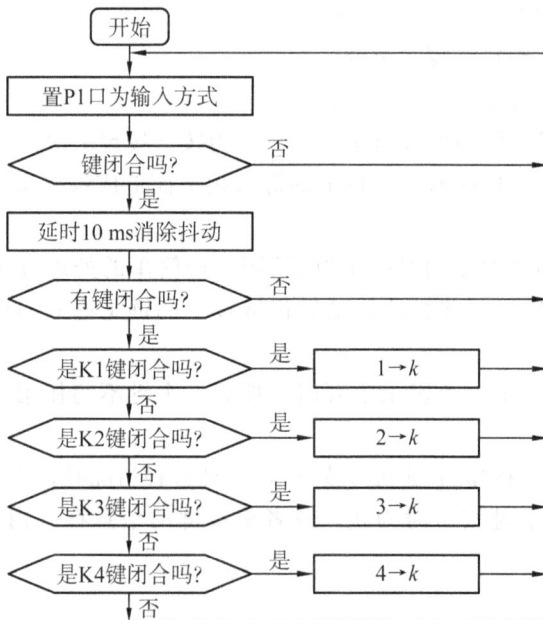

图 7-5   独立式键盘程序框图

在 main 函数中进行键盘处理时，main 函数的框架结构如下。

```
# define _SINGLEKEYBOARD_C_
# include "reg51. h"
# include "singlekeyboard. h"
void main()
{
    unsigned char k,v;              //定义变量 k
    P1=0xff;                        //P1 口置 1,准备读按键输入
    while(1)                        //死循环
    {
        v=P1;                       //读取键值
        v|=0xf0;                    //高 4 位未用,成置 1
        if(v! =0xff)                //有键按下吗?
        {
            delay(10);              //延时 10 ms 去抖动
            v=P1;                   //再次读取键值
            v|=0xf0;                //高 4 位未用,成置 1
            if(v! =0xff)            //仍然有键按下吗?
            {
                switch(v)           //判断键值
                {
                    case 0xfe:      //是 K1 闭合
                        k=1;        //给变量 k 赋值 1
                        break;
                    case 0xfd:      //是 K2 闭合
                        k=2;        //给变量 k 赋值 2
                        break;
                    case 0xfb:      //是 K3 闭合
                        k=3;        //给变量 k 赋值 3
                        break;
                    case 0xf7:      //是 K4 闭合
                        k=4;        //给变量 k 赋值 4
                        break;
                }
            }
        }
    }
}
```

上面程序键盘功能虽可实现,但存在一次按键被重复执行多次的情况,只不过由于按键功能只是给 k 赋值,执行多次与执行一次一样而已,如果改变功能为 K1 键闭合变量 k 清零,K2 键闭合变量 k 置为 0xff,K3 键闭合变量 k 加 1,K4 键闭合变量 k 减 1,

则每按下一次 K3 和 K4 键时就会出现 k 加多次 1 或减多次 1 的情况，即加 1 或减 1 操作被执行了多次，使键盘功能出现偏差。解决该问题的方法之一是想办法把按键低电平有效变为下降沿有效。具体实现方法是在程序中增加一个全局变量，如 prev，用于记住上次键盘读取时的输入值，在进行键盘处理时，如果当此读取的输入值与上次一样，则认为是同一次按键，只有本次输入值与上次不同时才认为是一次新的按键操作。如没有按键时读入值为 0xff；按下 K3 键后读入值为 0xfb，即在 P1.2 引脚检测到一个下降沿，则认为是一次有效按键，进而执行 $k=k+1$ 操作，并将读入值 0xfb 保存到变量 prev，由于程序执行很快，按键未松开时系统又进行读取键值操作，于是又得到输入值 0xfb，但由于与保存到变量 prev 的上次读入值相同，于是作无效按键处理，从而避免了一次按键的多次重复操作。

改进后的程序框图如图 7-6 所示。

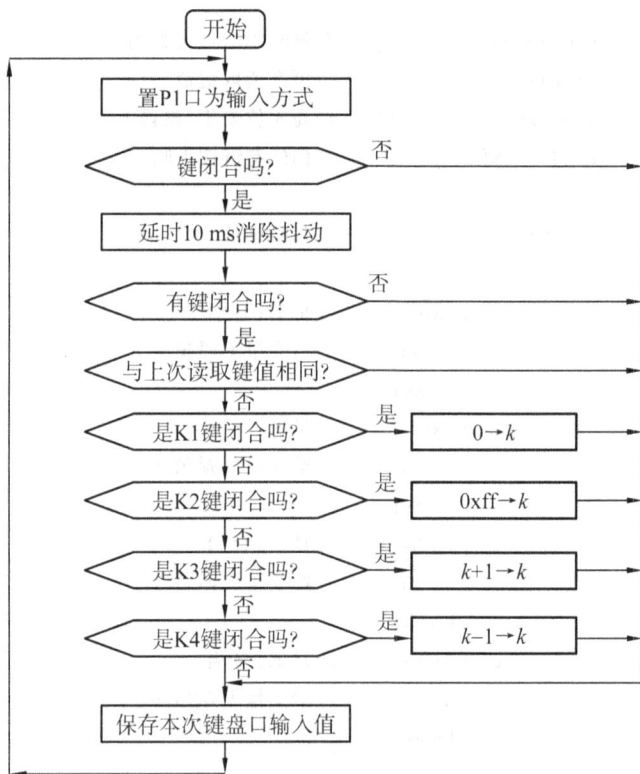

图 7-6　改进后的独立式键盘程序框图

改进的 main 函数的框架结构如下。

```
unsigned char prev;                    //定义全局变量,用于保存前次按键输入值
void main()
{
    unsigned char k,v;                 //定义变量 k
```

```
    P1＝0xff;                      //P1 口置 1,准备读按键输入
    while(1)                       //死循环
{
    v＝P1;                         //读取键值
    v|＝0xf0;                      //高 4 位未用,成置 1
    if((v! ＝0xff) && (v! ＝prev)) //是有新键按下吗?
    {
        delay(10);                 //延时 10 ms 去抖动
        v＝P1;                     //再次读取键值
        v|＝0xf0;                  //高 4 位未用,成置 1
        if(v! ＝0xff)              //仍然有键按下吗?
        {
            switch(v)              //判断键值
            {
                case 0xfe:         //是 K1 闭合
                    k=1;           //给变量 k 赋值 1
                    break;
                case 0xfd:         //是 K2 闭合
                    k=2;           //给变量 k 赋值 2
                    break;
                case 0xfb:         //是 K3 闭合
                    k=3;           //给变量 k 赋值 3
                    break;
                case 0xf7:         //是 K4 闭合
                    k=4;           //给变量 k 赋值 4
                    break;
            }
        }
    }
    prev＝v;                       //保存本次按键输入值
}
}
```

为提高单片机的工作效率,可采用中断方式实现键盘接口,而且由于外部中断可设置为下降沿触发,也能避免一次按键多次重复操作情况。

图 7-7 为使用单片机 P1 口以中断方式输入时的连接图,几个按键中只要有键按下,与门输出就为低电平,通过引脚 $\overline{INT0}$ 向 CPU 申请中断,在中断服务程序中,进

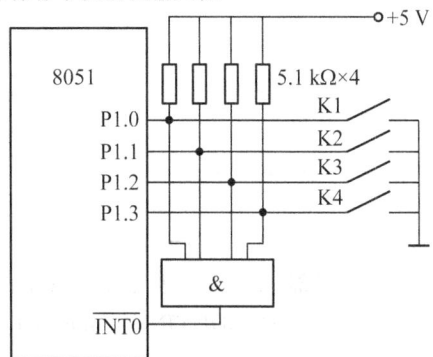

图 7-7 独立式键盘与单片机中断方式连接

行按键识别。

图 7-8 为中断方式键盘接口主程序框图，图 7-9 为键盘中断服务程序框图。

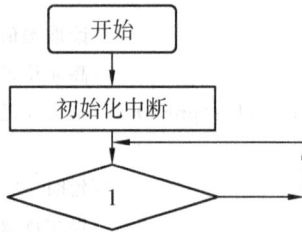

图 7-8 主程序框图

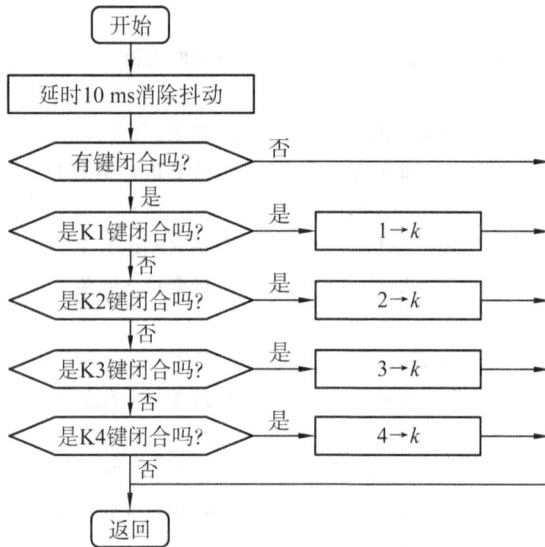

图 7-9 键盘中断服务程序框图

程序结构如下。

```
//主程序
void main()
{
    IE|=0x80;              //允许外部中断 0
    ITO=1;                 //设置外部中断 0 为边沿触发方式
    while(1);              //死循环,等待
}

//外部中断 0 服务程序,即键盘中断服务程序
void INT0_ROUTING() interrupt 0
{
    unsigned char k,v;     //定义变量 k
```

```
        P1＝0xff；              //P1 口置 1,准备读按键输入
        while(1)               //死循环
        {
            delay(10)；         //延时 10 ms 去抖动
            v＝P1；             //读取键值
            v|＝0xf0；          //高 4 位未用,成置 1
            if(v!＝0xff)        //有键按下吗?
            {
                switch(v)      //判断键值
                {
                    case 0xfe： //是 K1 闭合
                        k＝1；   //给变量 k 赋值 1
                        break；
                    case 0xfd： //是 K2 闭合
                        k＝2；    //给变量 k 赋值 2
                        break
                    case 0xfb： //是 K3 闭合
                        k＝3；   //给变量 k 赋值 3
                        break；
                    case 0xf7： //是 K4 闭合
                        k＝4；   //给变量 k 赋值 4
                        break；
                }
            }
        }
    }
```

▶知识点 3 矩阵式键盘接口认知

1. 矩阵式键盘按键的识别

若采用独立式键盘占用 I/O 口线太多,此时可采用矩阵式键盘。矩阵式键盘上的键按行列构成矩阵,在行列的交点上都对应一个键。行列方式是用 m 条 I/O 线组成行输入口,用 n 条 I/O 线组成列输出口,在行列线的每一个交点处,设置一个按键,组成一个 $m×n$ 的矩阵,如图 7-10 所示,矩阵键盘所需的连线数为行数＋列数,如 4×4 的 16 键矩阵键盘需要 8 条线与单片机相连。一般键盘的按键越多,这种键盘占 I/O 口线少的

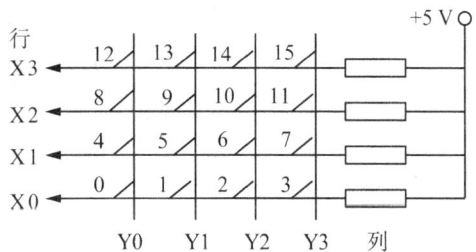

图 7-10 矩阵式键盘

优点就越明显，因此，在单片机应用系统较为常见。

矩阵式键盘识别按键的方法有两种：一是行扫描法；二是线反转法。

(1)行扫描法

先令列线 Y0 为低电平(0)，其余 3 根列线 Y1、Y2、Y3 都为高电平，读行线状态。如果 X0、X1、X2、X3 都为高电平，那么 Y0 这一列上没有键闭合，如果读出的行线状态不全为高电平，那么为低电平的行线和 Y0 相交的键处于闭合状态；如果 Y0 这一列上没有键闭合，那么接着使列线 Y1 为低电平，其余列线为高电平。用同样的方法检查 Y1 这一列上有无键闭合。以此类推，最后使列线 Y3 为低电平，其余列线为高电平，检查 Y3 这一列有无键闭合。

为了防止双键或多键同时按下，往往从第 0 行一直扫描到最后 1 行，若只发现 1 个闭合键，则为有效键，否则全部作废。

找到闭合键后，读入相应的键值，再转至相应的键处理程序。

(2)线反转法

线反转法也是识别闭合键的一种常用方法，该法比行扫描速度快，但在硬件上要求行线与列线都外接上拉电阻。

先将行线作为输出线，列线作为输入线，行线输出全"0"信号，读入列线的值，然后将行线和列线的输入输出关系互换，并且将刚才读到的列线值从列线所接的端口输出，再读取行线的输入值。那么在闭合键所在的行线上值必为 0。这样，当一个键被按下时，必定可读到一对唯一的行列值。

2. 矩阵式键盘接口

(1)键处理的流程

图 7-11 为一个 4×4 的矩阵式键盘电路逻辑图，键盘的行线连接到单片机的 P1.0～P1.3 上，列线连接到 P1.4～P1.7 上，单片机通过 P1 口来对键盘进行扫描读取。我们以行扫描法为例，说明查找闭合键的方法，并对键扫描进行说明。

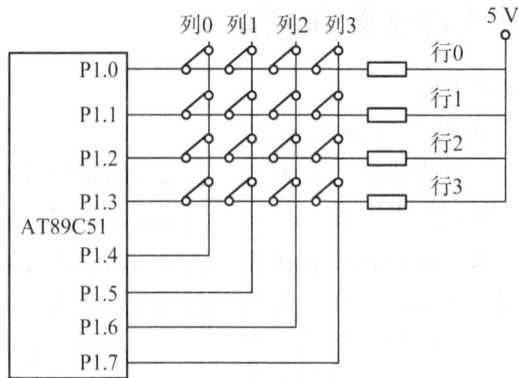

图 7-11　4×4 矩阵式键盘电路逻辑图

假定图 7-11 中 A(列 2 行 1)键被按下，则判定键位置的扫描过程如下：

首先是判定有没有键被按下。先使 P1 口输出 0xef(11101111)，然后输入行线状态，测试行线中是否有低电平的，如果没有低电平，再使输出口输出 0xdf(11011111)，再测试行线状态。到输出口输出 0xbf(11011111)时，行线中有状态为低电平者(行 1)，则闭合键找到，通过此次扫描的列线值和行线值就可以知道闭合键的位置，即当前行为 1，列为 2。

当经扫描表明有键被按下之后，紧接着应进行去抖动处理。采用软件延时的方法，一般为 10～20 ms，待行线上状态稳定之后，再次判断按键状态。

按键确定之后，我们以键的排列顺序安排键号，键码既可以根据行号列号查表求得；也可以通过计算得到，键码的计算公式为：键码＝行首号×4＋列号，对应值为 0～15。

每一个键都对应一个处理子程序，得到闭合键的键码后，就可以根据键码，转至相应的键处理子程序，实现该键所设定的功能。

总结上述内容，键处理的流程如图 7-12 所示。

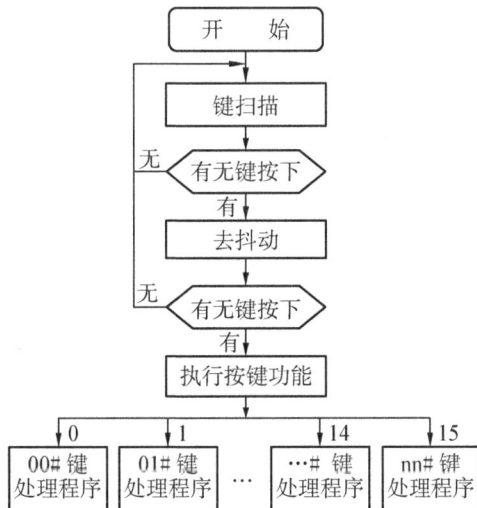

图 7-12　键盘处理流程图

(2)键扫描子程序设计

函数功能：返回扫描键值。

```
unsigned char getkey()
{
    unsigned char   BIT[4]= { 0xef,0xdf,0xbf,0x7f };    //定义列输出扫描码
    unsigned char   key;                                // key 为返回键值变量
    int k, i=9, j=9;                                    //i———行;j———列
/* 置初始值为 i=9,j=9,则当没有按键情况下返回值是 i×4+j=45 */
    for(k=0;k<4;k++)                                    //循环扫描 4 次,依次输出列扫描码
    {
        P1=BIT[k];                                     //依次使 0~3 列为低电平
```

```
        key＝P1；                                //读取行状态值
        key|＝0xf0；                             //高 4 位置 1
        switch(key)                             //判断哪行为低
        {
            case 0xfe：                          //第 0 行为低电平
            {
                i＝0；                           //记录当前行值 0
                j＝k；                           //记录当前列值 k
                break；
            }
            case 0xfd：                          //第 1 行为低
            {
                i＝1；                           //记录当前行值 1
                j＝k；                           //记录当前列值 k
                break；
            }
            case 0xfb：                          //第 2 行为低
            {
                i＝2；                           //记录当前行值 2
                j＝k；                           //记录当前列值 k
                break；
            }
            case 0xf7：                          //第 3 列为低
            {
                i＝3；                           //记录当前行值 3
                j＝k；                           //记录当前列值 k
                break；
            }
        }
    }
    key＝i＊4＋j；
    return(key)；
}
```

键盘函数调用过程如下：

```
    unsigned char keynum；
    ……
    keynum＝ getkey()；                          //扫描读取键值
    if((keynum!＝45)＆＆(keynum!＝prekeynum))     //有键按下吗？
    {
        delay(10)；                             //延时去抖动
```

```
keynum= getkey();                              //扫描读取键值
if((keynum! ＝45) && (keynum! ＝prekeynum))   //有键按下吗？
{
    switch(keynum)                             //判断键值
    {
        case 0：
            //执行 0 按键功能
            break；
        case 1：
            //执行 1 按键功能
            break；
        ……
        case 15：
            //执行 15 按键功能
            break；
    }
}
prekeynum＝keynum；                            //保存本次读取键值
```

程序中首先调用键盘扫描函数读取键值，如果读取结果为 45 或与 prekeynum 中的值相同(prekeynum 中为上次键盘读取操作获取的键值，在此判断用于避免按键重复执行问题)，那么认为是没有按键按下，反之延时去抖动后再次调用键盘扫描函数读取键值，如果确定是有按键，那么执行相应的按键处理操作。每次键盘扫描处理后要保存读取的键值，用于下次键盘处理时避免一次按键重复执行。

在单片机应用系统中常常是键盘和显示器同时存在，因此可以把键盘扫描程序和显示程序配合起来使用，即把显示程序作为键盘扫描的延时了程序，实现软件去抖动。这样做既省去了一个专门的延时子程序，又能保证显示器常亮的客观效果。

项目实施

本次项目的实施过程，我们将分 3 个步骤进行：

(1)4×4 矩阵键盘硬件电路设计；

(2)4×4 矩阵键盘控制程序编写；

(3)系统功能调试。

一、4×4 矩阵键盘硬件电路设计

根据项目要求，4×4 矩阵键盘的按键键值分别为 16 进制的 16 个元素，最终要在 LED 数码管上显示出来，结合前面项目的学习，可设计本项目的硬件电路如图 7-13 所示。

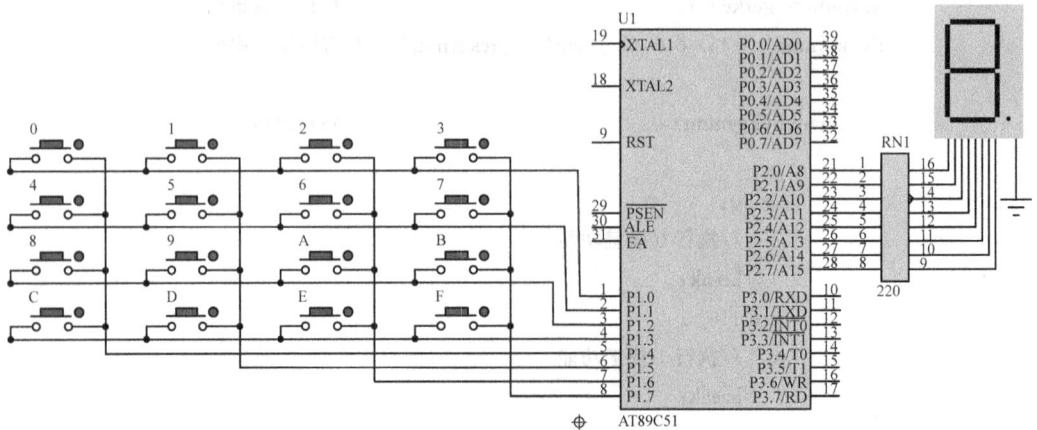

图 7-13　4×4 矩阵键盘硬件电路

矩阵键盘的行信号和列信号接到 51 单片机 P1 接口，其中高 4 位接列信号，低 4 位接行信号。LED 数码管通过排阻与单片机的 P2 口连接。

二、4×4 矩阵键盘控制程序编写

本项目采用列扫描的方式，使用按键扫描子程序取得按键键值后，将键值转换成共阴极数码管的段码，再通过 P2 口传输到 LED 数码管中显示。参考程序如下。

```
#include<reg51.h>
unsigned char getkey()                  //按键扫描子程序
{
    unsigned char  BIT[4]={0xef,0xdf,0xbf,0x7f};
                                         //定义列输出扫描码
    unsigned char  key;                  // key 为返回键值变量
    int k,i=9,j=9;                       //i 为行;j 为列
                                         //置初始值为 i=9,j=9,则当没有按键情
                                         //况下返回值是 i×4+j=45
    for(k=0;k<4;k++)                     //循环扫描 4 次,依次输出列扫描码
    {
        P1=BIT[k];                       //依次使 0~3 列为低电平
        key=P1;                          //读取行状态值
        key|=0xf0;                       //高 4 位置 1
        switch(key)                      //判断哪行为低
        {
            case 0xfe:                   //第 0 行为低
            {
                i=0;                     //记录当前行值 0
                j=k;                     //记录当前列值 k
```

```
            break;
        }
        case 0xfd：                    //第 1 行为低
        {
            i＝1；                      //记录当前行值 1
            j＝k；                      //记录当前列值 k
            break；
        }
        case 0xfb：                    //第 2 行为低
        {
            i＝2；                      //记录当前行值 2
            j＝k；                      //记录当前列值 k
            break；
        }
        case 0xf7：                    //第 3 列为低
        {
            i＝3；                      //记录当前行值 3
            j＝k；                      //记录当前列值 k
            break；
        }
    }
}
    key＝i＊4＋j；
    return(key)；
}


void delay(unsigned int i)              //延时子程序
{
    unsigned char j；
    for(i；i＞0；i－－)
    {
    for(j＝255；j＞0；j－－)；
    }
}


void main()
{
    unsigned char keynum，prekeynum；    // keynum 为键值，prekeynum 为前一次的
                                         键值
    char LED[16]＝{0x3f,0x06,0x5b,0x4f,0x66,0x6d,0x7d,0x07,0x7f,0x6f,0x77,0x7c,
```

```
0x39,0x5e,0x79,0x71};      //共阴极数码管段码
    P2=0X00;                              //数码管初始状态为不显示任何数据
    while(1)                              //循环提取键值并显示
    {
        keynum= getkey();                            //扫描读取键值
        if((keynum! =45) && (keynum! =prekeynum))    //有键按下吗?
        {
            delay(10);                               //延时去抖动
            keynum= getkey();                        //扫描读取键值
            if((keynum! =45) && (keynum! =prekeynum))
                                                     //有键按下吗?
                P2=LED[keynum];                      //确定有按键按下,显示键值
        }
        prekeynum=keynum;                            //保存本次读取键值
    }
}
```

三、系统功能调试

将程序编译生成对应的 hex 文件后,可加载到 Proteus 仿真电路中进行功能验证,根据观察到的现象对程序进行修改,直至完全符合项目控制功能。在有条件的情况下,可配齐所需元器件,制作项目的硬件电路,将程序按照前面项目讲述过的方法下载进行验证。

项目测评

<table>
<tr><th colspan="7">项目7 4×4矩阵键盘测评表</th></tr>
<tr><th>项目实施内容</th><th>评价内容</th><th>评价依据</th><th>优秀</th><th>良好</th><th>合格</th><th>继续努力</th></tr>
<tr><td rowspan="2">硬件电路设计
(30分)</td><td>电路原理图
仿真设计</td><td>能否正常仿真,
功能无误</td><td></td><td></td><td></td><td></td></tr>
<tr><td>4×4矩阵键盘
电路焊接制作</td><td>焊接工艺</td><td></td><td></td><td></td><td></td></tr>
<tr><td rowspan="2">软件设计
(50分)</td><td>单片机编程
整体结构</td><td>1. 结构完整
2. 语法正确</td><td></td><td></td><td></td><td></td></tr>
<tr><td>键盘扫描子程序</td><td>1. 功能完整
2. 语法正确</td><td></td><td></td><td></td><td></td></tr>
<tr><td rowspan="2">项目调试
(20分)</td><td>程序正确性</td><td>有无语法错误</td><td></td><td></td><td></td><td></td></tr>
<tr><td>功能完整度</td><td>完成功能数</td><td></td><td></td><td></td><td></td></tr>
<tr><td>总评</td><td colspan="6"></td></tr>
</table>

思考与练习

1. 机械式按键组成的键盘需要做去抖动处理，如果用软件实现去抖动会对程序的整体运行效果产生影响吗？

2. 你还有哪些能够避免一次按键被多次重复执行的方法？

3. 试着设计一个简易计算器，完成加减运算。

项目8 数字时钟系统

📖 项目描述

数字时钟是学习单片机应用系统设计普遍练习的一个项目，它虽然结构简单，但是具有较强的综合性。它涉及的单片机技术知识包括定时器应用、中断系统的应用、I/O接口技术，键盘接口处理技术，LED数码管显示控制技术及单片机C语言程序设计等，具有很高的学习和综合训练价值，是初学单片机者首选的练习项目。本项目要求使用51单片机制作一个数字时钟控制系统。该系统可以显示当前时间，进行时间功能设置，还能够完成闹铃的设置和运行。

🎓 学习目标

【知识目标】

1. 了解数字时钟的功能及工作原理；
2. 学习数字时钟设计及实现的相关技术；
3. 掌握单片机C语言模块化程序设计方法；
4. 掌握51单片机I/O端口常用的驱动电路；
5. 掌握单片机应用系统设计开发过程。

【技能目标】

1. 能够利用所学单片机技术知识进行简单的单片机应用系统的设计与制作；
2. 进一步提高单片机C语言程序设计能力；
3. 掌握单片机硬件和软件联调方法。

【素质目标】

1. 增强综合素质，培养科学精神、创新思维和综合能力；
2. 培养学生爱岗敬业精神，增强团结协作意识。

📂 相关知识

▶ 知识点1 数字时钟的认知

数字时钟是一种用数字电路技术实现时、分、秒计时的钟表。与机械钟相比，数字时钟具有更高的准确性和直观性，具有更长的使用寿命。数字时钟已得到广泛的使用，其外形如图8-1所示。

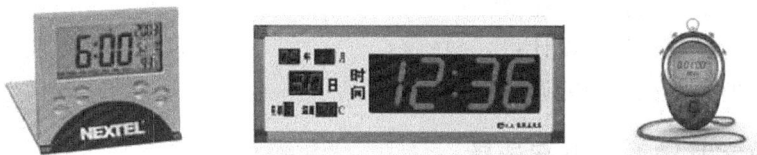

图 8-1　数字时钟外形

数字时钟的设计方法有多种，如可利用中小规模集成电路组成电子钟，也可以利用专用的电子钟芯片配以显示电路及其所需要的外围电路组成电子钟，还可以利用单片机来实现电子钟等。这些方法都各有其特点，其中利用单片机实现的电子钟编程灵活，便于功能的扩展。图 8-2 是一个基于单片机控制实现并焊接组装的数字时钟。

图 8-2　基于单片机控制实现并焊接组装的数字时钟

▶ 知识点 2　数字时钟的基本功能

一般来说，数字时钟设计要完成的基本功能是利用数码管、按键、蜂鸣器实现时间显示、时间调节、闹钟设定、整点报时等。其中时间显示可以是 12 小时制或 24 小时制。使用时，系统上电后自动进入运行状态，显示当前运行时间。数字时钟一般按键较少，主要有时间调节设置键，包括设置时、分、秒切换键和数值调节键；模式控制键，如闹钟开关键和显示时间制式切换键等。用户调节时间时，先按时间设置键切换设置内容，然后按数值调节键（如加 1 调节）调整时间，时间设置完成切换回运行显示状态。用户按闹钟控制键可切换闹钟开启和停止状态，当闹钟处于开启状态时，可用时间调节设置键设置闹钟时间。用户按时间制式控制键可选择 12 小时制或 24 小时制。

📞　**项目实施**　————————————————————————●

本次项目的实施过程，我们将分 5 个步骤进行：

（1）数字时钟系统方案选择；

（2）数字时钟系统硬件电路的设计；

(3)数字时钟系统软件功能设计;

(4)数字时钟系统程序设计;

(5)数字时钟系统的功能调试。

一、数字时钟系统方案选择

1. 计时方案

(1)采用实时时钟芯片

针对应用系统对实时时钟功能的普遍需求,各大芯片生产厂家陆续推出了一系列实时时钟芯片,如 DS1287、DS12887、DS1302、PCF8563、S35190 等。这些实时时钟芯片具备年、月、日、时、分、秒计时功能和多点定时功能,计时数据每秒自动更新一次,不需程序干预。单片机可通过中断或查询方式读取计时数据。实时时钟芯片的计时功能无须占用 CPU 时间,功能完善,精度高,软件程序设计相对简单,在实际应用中被广泛使用。

(2)软件控制

软件控制就是利用单片机内部的定时器/计数器进行定时,配合软件实现时、分、秒的计时。该方案硬件结构简单,且能够使学生对前面所学知识进行综合运用,因此在教学中普遍采用。

2. 显示方案

(1)利用串行口扩展 LED

利用串行口扩展 LED 占用单片机引脚资源少,输出控制方法为静态显示,显示亮度高,状态稳定,显示效果好,但硬件电路复杂,信息刷新速度慢,比较适合单片机引脚资源紧张的场合。

(2)利用单片机的并行 I/O 口扩展 LED

利用单片机的并行 I/O 口扩展 LED,无须外接扩展芯片,但占用单片机引脚资源较多。另外,并行 I/O 口扩展显示多位 LED 时一般需要采用动态刷新显示方法,占用 CPU 运行时间,显示效果也不如静态显示好。但由于其硬件电路简单,软件也容易实现,在教学中较多使用。

3. 键盘接口方案

(1)扩展键盘接口芯片

通过扩展诸如 8279、8024 等键盘接口芯片,实现按键的输入。键盘接口芯片一般已经做了抖动处理,并将按键状态转换为键码,因此单片机只需通过键盘中断读取键码即可。软件设计比较简单,但硬件电路较复杂。

(2)单片机的并行 I/O 口直接扩展键盘

直接利用单片机的并行 I/O 口扩展键盘,硬件结构简单,但需用软件处理键盘抖动及进行按键识别,软件编程较复杂,且占用 CPU 时间。

当按键功能较多时可采用矩阵式键盘,较少时适合采用独立式键盘,数字时钟键盘功能不多，可选用独立式键盘。

根据数字时钟的功能特点，可选择软件计时方式、并行 I/O 口扩展的动态刷新显示、并行 I/O 口直接扩展独立式键盘。图 8-3 是数字时钟系统功能结构图。

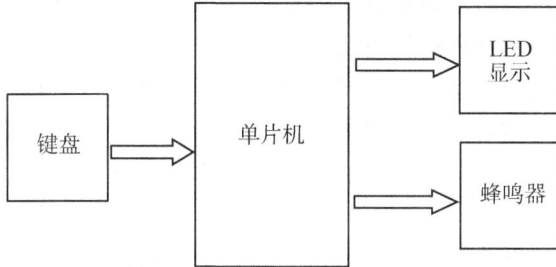

图 8-3　数字时钟系统功能结构图

二、数字时钟系统硬件电路的设计

数字时钟系统硬件设计电路如图 8-4 所示。单片机 P0 口作为段选口，P2 口作为 4 位 LED 显示的位选口，其中 P2.0～P2.3 分别对应 LED1～LED4，由于采用共阳极数码管，所以 P0 口输出低电平有效的段码，P2 口输出低电平选中相应的位(P2 口通过反相器与 LED 位选端连接，以提高驱动能力)。单片机 P1 口的低 4 位为键盘输出入口，连接 4 个按键。P1.6 引脚接蜂鸣器，低电平有效，用蜂鸣器的鸣叫模拟闹钟铃声。P1.5 引脚连接一个发光二极管，用发光二极管的闪烁表示秒的变化。

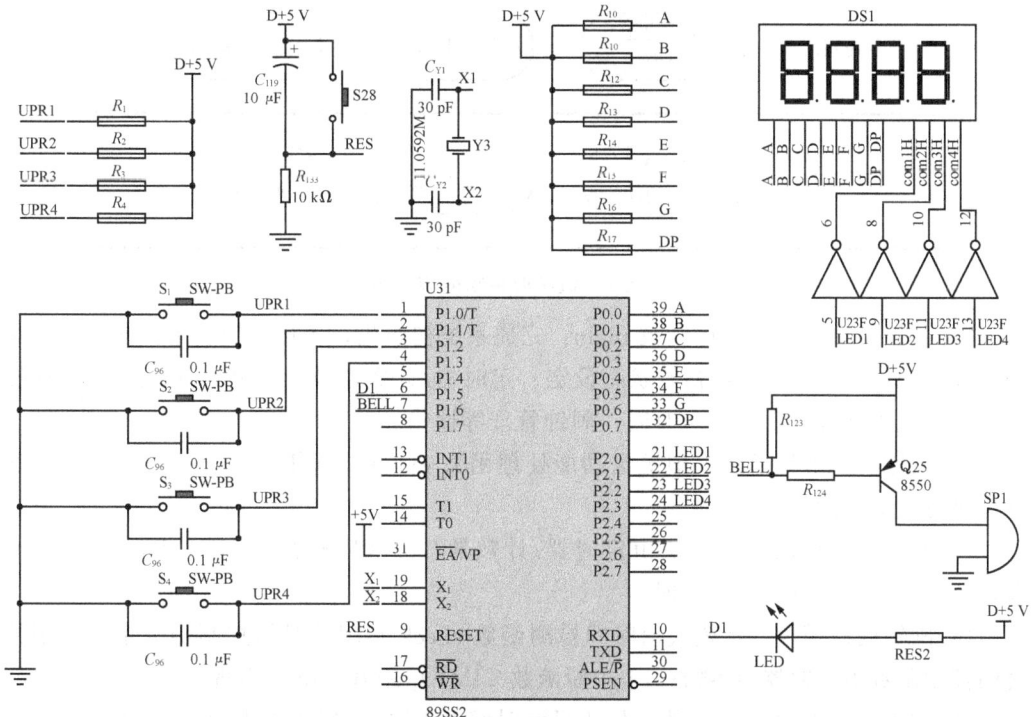

图 8-4　数字时钟系统硬件设计电路

三、数字时钟系统软件功能设计

1. 模块划分

系统软件的逻辑结构可参照软件工程的三层体系结构模型进行设计和功能模块的划分。单片机应用系统的软件结构可分为主控层、业务逻辑层、硬件驱动层。主控层负责整个系统功能的协调与调度，如单片机主程序；业务逻辑层也称中间层，它集中解决独立于硬件操作的核心逻辑处理功能的实现，如各类算法的实现、键盘功能分析与处理等；硬件驱动层负责与硬件相关的各类操作，如键盘读取、LED 显示、串口通信等。

将一个应用软件分解为多层模块实现，结构层次清晰有利于提高软件的可靠性和开发的效率，对各层分别设计实现，减少互相影响，方便团队开发的管理。还可以隔离各层的变化对整个系统的影响，不管它们哪个发生了变化，都不必重建整个系统，提高了软件的可扩展性。多层模块开发，还有利于重用、共享软硬件资源。

根据数字时钟的功能需求，按照三层结构模型，可将整个系统软件分为以下几个功能模块，如图 8-5 所示。

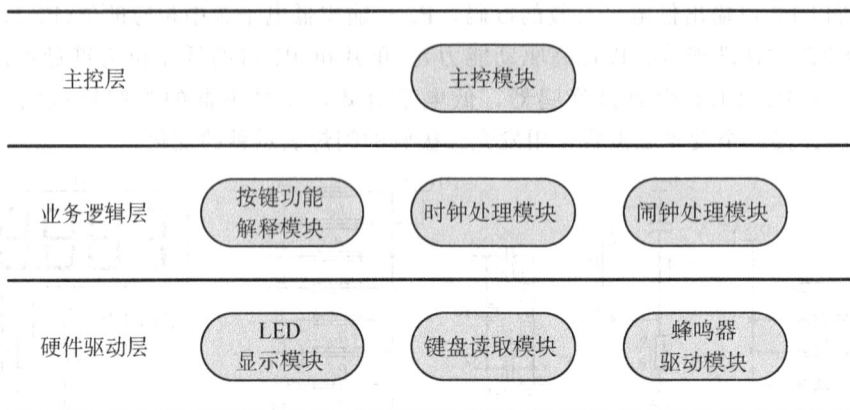

图 8-5 数字时钟功能模块图

(1)主控模块。即主程序函数 main：完成系统初始化，包括时钟、闹钟初始参数及初始标志的设定；I/O 端口初始状态设定；定时器/计数器及中断初始化；程序流程控制，包括键盘处理、更新显示时间、闹钟管理等操作。

(2)按键功能解释模块。即键盘功能处理函数 exkey，其任务是根据按键定义实现各按键对应的功能。

(3)时钟处理模块。本模块由定时器/计数器 T0 中断函数 TIME0_ROUTING 实现，负责完成秒、分、时的计时。

(4)闹钟处理模块。本模块由时间检测函数 check 和闹铃时间控制函数组成，闹铃时间控制函数由定时器/计数器 T1 中断函数 TIME1_ROUTING 实现。

(5)LED 显示模块。本模块由用于显示时间的 LED 数码管动态显示函数 disp 和控制表示秒变化的发光二极管亮与灭的 led_ON 与 led_OFF 函数实现。

(6)键盘读取模块。即键盘读取函数 getkey，负责从键盘接口获取按键状态及键值。

(7)蜂鸣器驱动模块。即控制模拟闹铃的蜂鸣器响与不响的函数 bell_ON 与 bell_OFF。

2. 模块功能设计

(1)主控模块。主程序函数 main：主程序主要完成各硬件资源及主要全局变量的初始化，对键盘处理、更新显示时钟、闹钟控制等操作进行流程控制，其中各初始化与处理操作都通过相应的函数调用实现。流程图如图 8-6 所示。

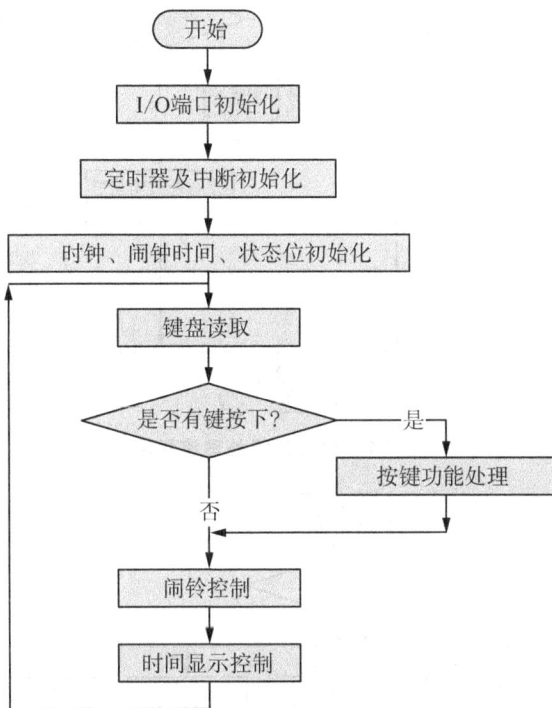

图 8-6　主程序函数 main 流程图

(2)按键功能解释模块。键盘功能处理函数 exkey，其任务是根据按键定义实现各按键对应的功能，键盘采用独立式按键，共设置了 4 个按键，各按键功能为：S_1，时钟参数修改选择键，每次按下依次选择修改秒、分、时、闹钟秒、闹钟分、闹钟时，程序中可通过改变状态位 state 实现，每按一次 S_1 键 state 加 1，state 初始状态为 0，表示时钟运行显示状态，1 设置秒状态，2 设置分状态，3 设置时状态，4 设置闹钟秒状态，5 设置闹钟分状态，6 设置闹钟时状态。当 state 值为 6 时，再按 1 次 S_1 键，置位为 0，即恢复为初始时钟运行状态。S_2：加 1 键，当处于时钟参数设置状态时，每按 1 次使当前设置时间参数加 1，当增加到满值时，要进行置 0 处理，如设置秒时，当加到 60 s 时，置为 0 s。S_3：闹钟开启控制键，系统初始上电运行时自动设置为闹钟关闭

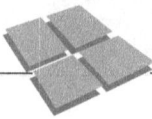

状态，按一次 S_3 开启闹钟，再按一次关闭闹钟，如此往复。闹钟开启状态可定义状态位 bell_state 表示，0 表示关闭状态，1 表示开启状态。S_4：时间制式设置按键，用于切换 12 小时制与 24 小时制。用变量 time_mode 存储时进位值(24 或 12)。键盘功能处理流程图如图 8-7 所示。图 8-8 是时间调整算法流程图。

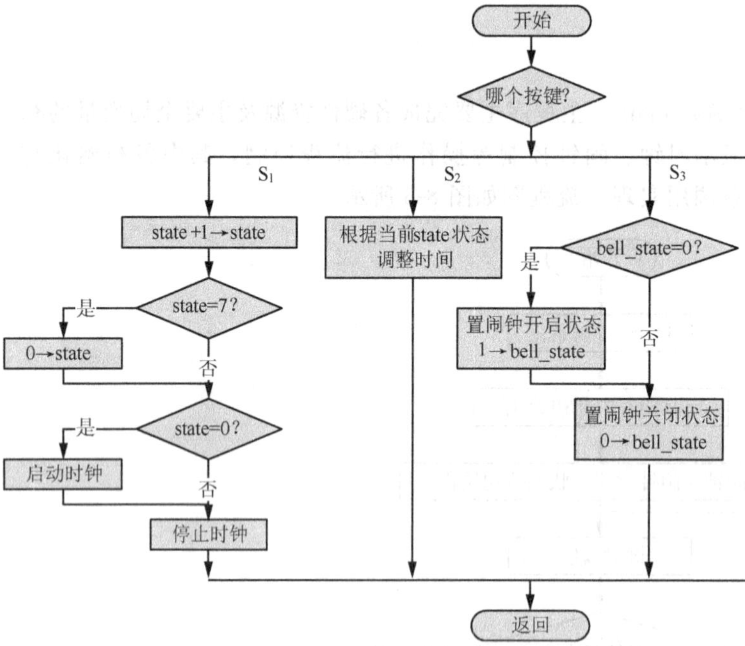

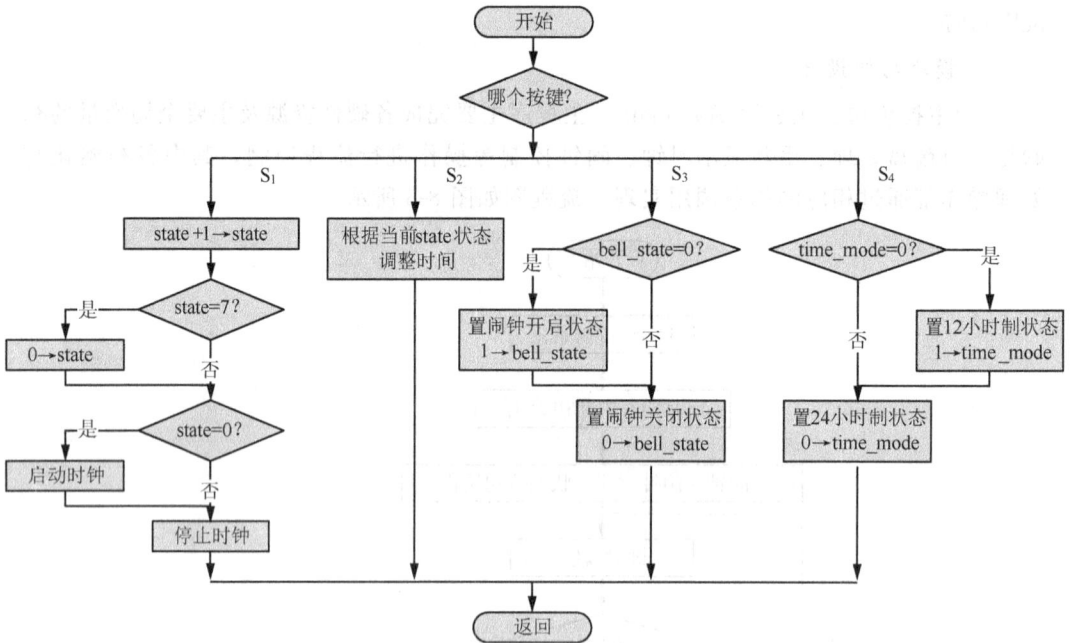

图 8-7　键盘功能处理流程图

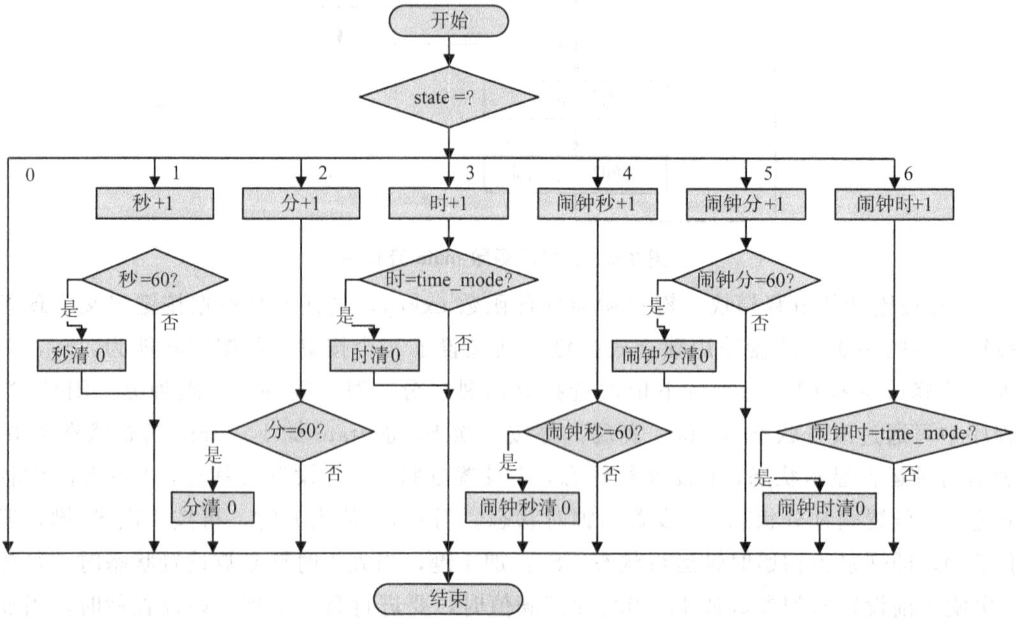

图 8-8　时间调整算法流程图

（3）时钟处理模块。T0 中断函数 TIME0 _ ROUTING：用 T0 产生 50 ms 时基，再通过软件实现秒、分、时的计时处理。流程图如图 8-9 所示，其中 count_50 ms 为 50 毫秒计数器。

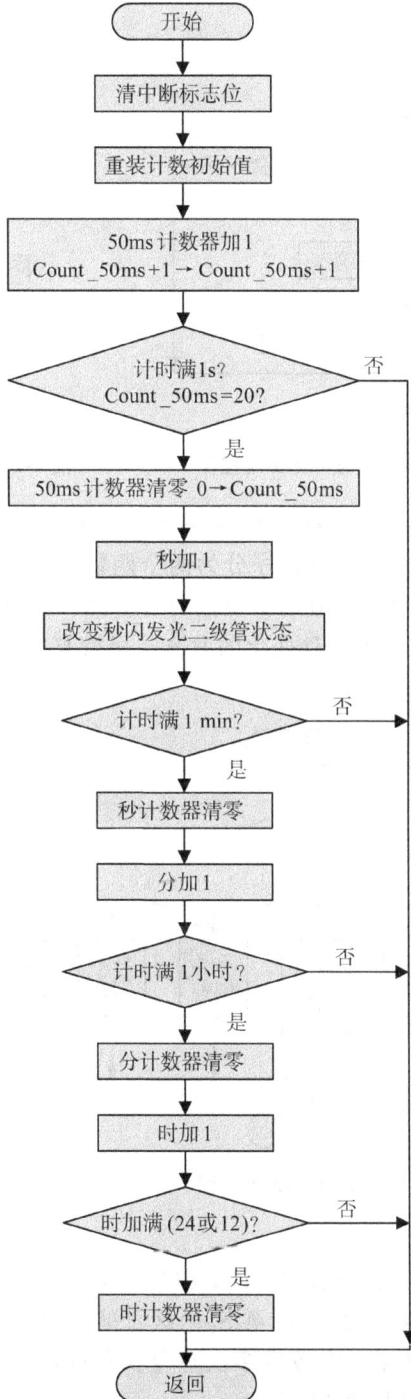

图 8-9 定时器 T0 中断函数流程图

(4)闹钟处理模块。时间检测函数 check 通过比较当前运行时间和闹铃时间，当相同时驱动蜂鸣器发声，同时启动定时器 T1，用于控制响 30 s。定时器 T1 中断程序控制 30 s 时间到后停止蜂鸣器发声。时间检测函数 check 流程图如图 8-10 所示。图 8-11 是 T1 中断处理流程图。

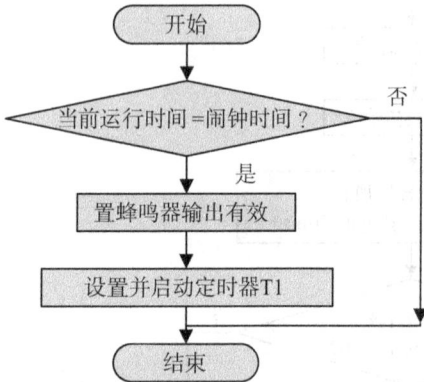

图 8-10　时间检测函数 check 流程图　　　图 8-11　T1 中断处理流程图

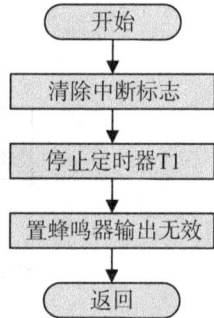

(5)LED 显示模块。由于不同的状态显示内容不同，为降低代码冗余度和提高代码可读性，用于显示时间的 LED 驱动程序分为两个函数，disp 函数用于调度与管理整个数码管的显示，dispone 函数用于显示 1 位数码管。图 8-12 和图 8-13 分别是 disp 函数和 dispone 函数流程图。控制表示秒变化的发光二极管亮与灭的 led _ ON 与 led _ OFF 函数流程图略。

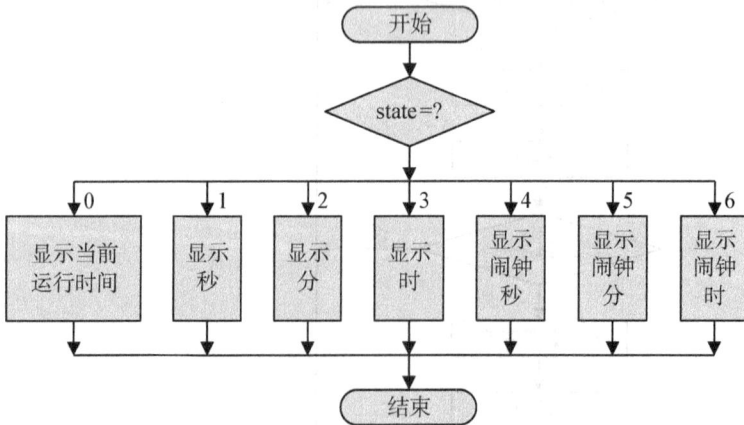

图 8-12　显示函数 disp 流程图　　　图 8-13　显示一位 LED
函数 dispone 流程图

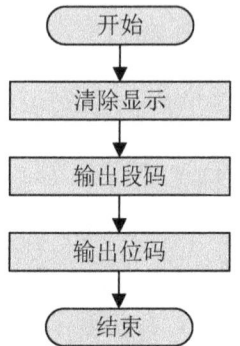

(6)键盘读取模块。由于按键较少，所以采用独立式键盘接口。函数 getkey 负责从键盘接口获取按键状态并返回键值 S_1 至 S_4，返回键值对应 1 至 4，无键按下返回 0。键盘读取要考虑去抖动及避免一次按键多次重复执行问题，参阅项目 7 相关内容。键盘读取函数 getkey 流程图如图 8-14 所示。

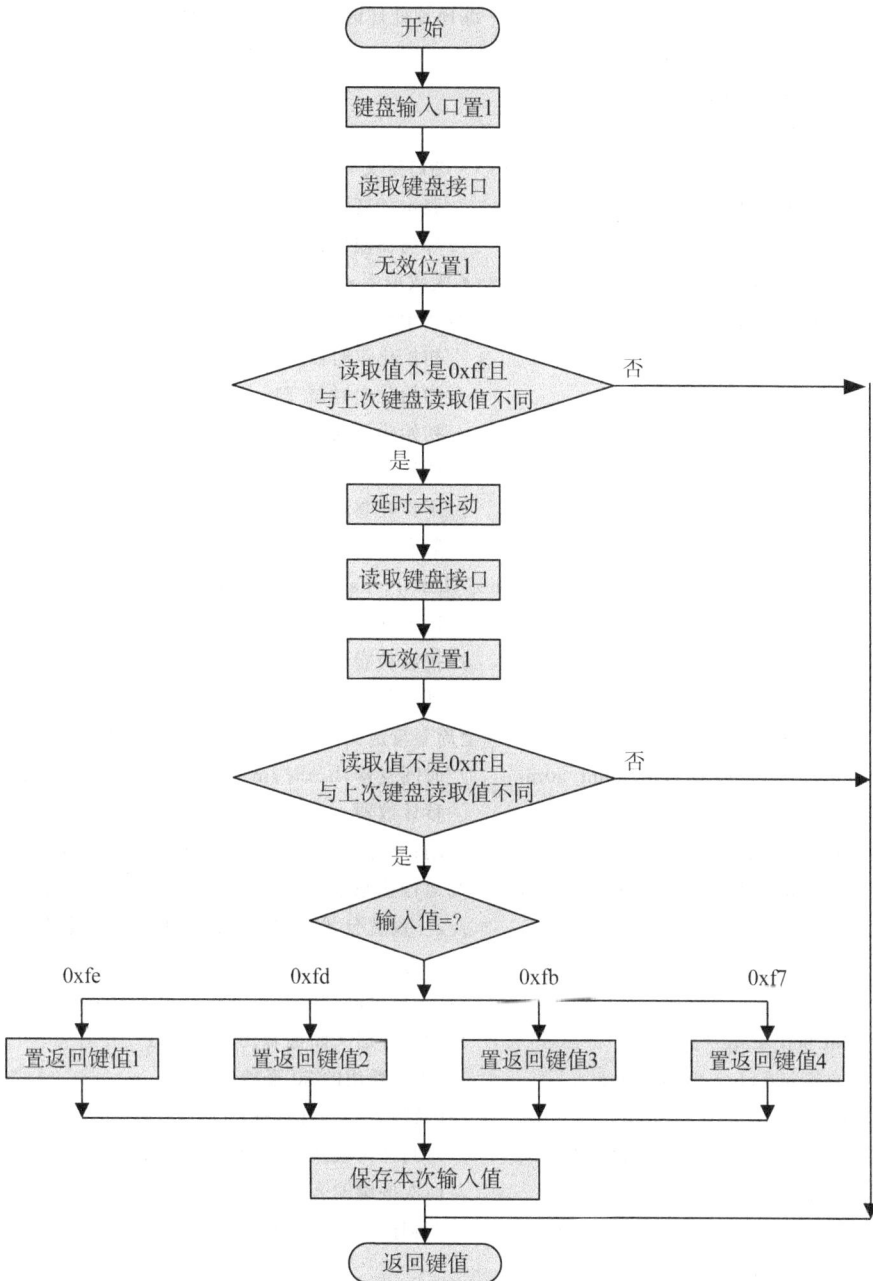

图 8-14　键盘读取函数 getkey 流程图

(7)蜂鸣器驱动模块。函数 bell_ON 与 bell_OFF 控制连接蜂鸣器的输出引脚有效与无效，低电平为有效，即蜂鸣器发声，流程图略。

四、数字时钟系统程序设计

系统参考源程序如下。

```
// ************************编译预处理语句************************ //
# define _ECLOCK_C_
# include "reg51. h"
# include "eclock. h"
// ************************端口定义************************ //
sbit D1=P1^6;                    //表示秒变化的 led 输出控制引脚定义
sbit bell=P1^7;                  //蜂鸣器输出控制引脚定义
// ************************函数声明************************ //
void IO_init();                  //初始化 I/O 端口
void T0_init();                  //初始化定时器 T0
void T1_init();                  //初始化定时器 T1
void int_init();                 //初始化中断
void time_init();                //初始化时间
void check();                    //闹铃控制函数
void disp();                     //数码管显示函数
void dispone(unsigned char c,unsigned char w,unsigned char dot); //1 位数码管显示函数
unsigned char getkey();          //键盘读取函数
void exkey(key);                 //按键功能分析处理函数
void delay(unsigned int m);      //延时函数
// ************************全局变量定义************************ //
unsigned char h,m,s,count_50ms;  //时间变量,h—时;m—分;s—秒;count_50ms—50 毫
                                 //  秒计数器
unsigned char bh,bm,bs;          //闹钟时间变量,bh—时;bm—分;bs—秒
unsigned char state=0;           //运行状态标志:0—时间运行状态;1—设置秒状态,
                                 //2—设置分状态,3—设置时状态,4—设置闹钟秒
                                 //  状态,
                                 //5—设置闹钟分状态,6—设置闹钟时状态
bit bell_state=0;                //闹铃开启关闭标志,0—关闭;1—开启
unsigned char count1_50ms;       //T1 中断用的 50 毫秒计数器
unsigned char s_delay;           //闹铃响持续时间(秒)
unsigned char time_mode=24;      //时间计时模式,24—24 小时制;12—12 小时制
unsigned char prev;              //前次按键输入值
// ************************主程序************************ //
void main()
{
    unsigned char key;           //读取得到的键值
    IO_init();                   //初始化 I/O 端口
    T0_init();                   //初始化定时器 T0
    T1_init();                   //初始化定时器 T1
    int_init();                  //初始化中断
    time_init();                 //初始化时间
```

```
    TR0=1;
    while(1)
    {
        key=getkey();              //调用键盘读取函数读取键盘状态
        if(key!=0)                 //判断是否有按键
        {
            exkey(key);            //如果有按键,调用键盘功能处理函数执行按键功能
        }
        check();                   //闹钟处理函数调用
        disp();                    //时间显示函数调用
    }
}
// ******************** 端口初始化函数 ********************** //
void IO_init()
{
    Dl=1;                          //置秒闪 LED 输出引脚无效
    bell=1;                        //置蜂鸣器输出引脚无效
}
// ******************** 定时器 T0 初始化函数 ********************** //
void T0_init()
{
    TMOD&=0xf0;                    //设置 T0 工作模式
    TMOD|=0x01;
    TH0=15536/256;                 //T0 置初始计数值,定时 50 ms
    TL0=15536%256;
}
// ******************** 定时器 T1 初始化函数 ********************** //
void T1_init()
{
    TMOD&=0x0f;                    //设置 T0 工作模式
    TMOD|=0x10;
    TH1=15536/256;                 //T0 置初始计数值,定时 50 ms
    TL1=15536%256;
}
// ******************** 中断初始化函数 ********************** //
void int_init()
{
    IE|=0x8a;                      //允许 T0、T1 溢出中断
}
// ******************** 时间初始化函数 ********************** //
void time_init()
```

```
{
    count_50ms=0;
    h=5;
    m=24;
    s=10;
    bh=5;
    bm=24;
    bs=20;
}
// ********************** 闹铃控制函数 ********************** //
//函数功能:当闹钟开启时检测运行时间控制蜂鸣器输出有效
void check()
{
    if(bell_state)                      //闹铃开启
    {
        if((s==bs)&&(m==bm)&&(h==bh))   //如果运行时间等于闹铃设置时间
        {
            bell=0;                     //蜂鸣器输出有效
            TH1=15536/256;              //T0置初始计数值,定时50 ms
            TL1=15536%256;
            TR1=1;                      //启动T1
        }
    }

}
// ********************** 按键功能分析处理函数 ********************** //
//函数功能:键盘功能处理
//入口参数:key-键值
void exkey(key)
{
    switch(key)                        //判断键值
    {
        case 1:                        //时间参数设置切换键
            state++;                   //修改状态值
            if(state==7)
            {
            state=0;                   //恢复为初始计时显示时间状态
            }
            if(state==0)
            {
                TR0=1;                 //计时状态启动T0
```

```
    }
    else
    {
        TR0=0;              //非计时状态停止 T0
    }
    break;
case 2：                    //加1键
    switch(state)           //分析状态
    {
        case 0：            //计时状态
            break;          //按键无效退出
        case 1：            //设置秒状态
            s++;
            if(s==60)
            {
                s=0;        //满 60 清零
            }
            break;
        case 2：            //设置分状态
            m++;
            if(m==60)
            {
                m=0;        //满 60 清零
            }
            break;
        case 3：            //设置时状态
            h++;
            if(h==time_mode)
            {
                h=0;        //清零
            }
            break;
        case 4：            //设置闹铃秒状态
            bs++;
            if(bs==60)
            {
                bs=0;       //满 60 清零
            }
            break;
        case 5：            //设置闹铃分状态
            bm++;
```

```
                    if(bm==60)
                    {
                         bm=0;      //满 60 清零
                    }
                         break;
                    case 6:          //设置闹铃时状态
                         bh++;
                         if(bh==time_mode)
                    {
                         bh=0;      //清零
                    }
                         break;
              }
              break;
         case 3:                     //闹铃启停控制键
              bell_state=~bell_state;
              break;
         case 4:                     //计时模式设置键
              if(time_mode==24)
                   time_mode=12;
              else
                   time_mode=24;
              break;
     }
}
// ********************** 键盘读取函数 ************************ //
//函数功能:读取键值
//入口参数:无
//返回值:键值
unsigned char getkey()
{
     unsigned char v,k=0;           //临时变量,k 为键值,初始设为 0
     P1|=0x0f;                      //键盘输入端口置 1
     v=P1;                          //读取按键状态
     v=v|0xf0;                      //高 4 位无效置 1
     if((v!=prev)&&(v!=0xff))       //检测是否有新键按下
     {
          switch(v)                 //分析按键状态
          {
               case 0xfe:           //S1 按下
                    k=1;            //键值置 1
```

```
                break;
            case 0xfd:              //S2 按下
                k=2;                //键值置 2
                break;
            case 0xfb:              //S3 按下
                k=3;                //键值置 3
                break;
            case 0xf7:              //S4 按下
                k=4;                //键值置 4
        break;
        }
    }
    prev=v;                         //保存当前键盘输入状态
    return(k);                      //返回键值
}
// *********************** T0 中断函数 *********************** //
//函数功能:实现秒、分、时的计时功能
TIME0_ROUTING() interrupt 1
{
    TF0=0;                          //清除中断标志
    TH0=15536/256;                  //重置 T0 计数初值
    TL0=15536%256;

    count_50ms++;                   //50ms 计数器加 1
    if(count_50ms==20)              //满 1s
    {
        count_50ms=0;               //清 50ms 计数器
        s++;                        //秒加 1
        D1=~D1;                     //秒灯闪烁
        if(s==60)                   //满 1min
        {
            s=0;                    //清秒
            m++;                    //分加 1
            if(m==60)               //满 1h
            {
                m=0;                //清分
                h++;                //时加 1
                if(h==time_mode)    //时计满值
                {
                    h=0;            //时清零
                }
```

```
                }
            }
        }
    }
// ************************ T1 中断函数 ************************ //
//函数功能:实现闹铃响持续时间控制功能
TIME1_ROUTING() interrupt 3
{
    TF1=0;                        //清除中断标志
    TH1=15536/256;                //重置 T1 计数初值
    TL1=15536%256;
    count1_50ms++;                //50ms 计数器加 1
    if(count1_50ms==20)           //满 1s
    {
        count1_50ms=0;            //清 50ms 计数器
        s_delay++;                //铃声持续时间加 1s
        if(s_delay==30)           //铃声持续时间满 30s
        {
            s_delay=0;            //铃声持续时间清零
            bell=1;               //蜂鸣器输出无效
            TR1=0;                //停止 T1
        }
    }
}
// ************************ 数码管显示函数 ************************ //
//函数功能:时间显示
void disp()
{
    switch(state)                 //分析运行状态
    {
        case 0:                   //计时状态
            dispone(h/10,0,0xff);     //显示时十位
            dispone(h%10,1,0x7f);     //显示时个位
            dispone(m/10,2,0xff);     //显示分十位
            dispone(m%10,3,0xff);     //显示分个位
            break;
        case 1:
            dispone(s/10,2,0xff);     //显示秒十位
            dispone(s%10,3,0xff);     //显示秒个位
            break;
        case 2:
```

```
            dispone(m/10,2,0xff);    //显示分十位
            dispone(m%10,3,0xff);    //显示分个位
            break;
        case 3:
            dispone(h/10,2,0xff);    //显示时十位
            dispone(h%10,3,0xff);    //显示时个位
            break;
        case 4:
            dispone(bs/10,2,0xff);   //显示闹钟秒十位
            dispone(bs%10,3,0xff);   //显示闹钟秒个位
            break;
        case 5:
            dispone(bm/10,2,0xff);   //显示闹钟分十位
            dispone(bm%10,3,0xff);   //显示闹钟分个位
            break;
        case 6:
            dispone(bh/10,2,0xff);   //显示闹钟时十位
            dispone(bh%10,3,0xff);   //显示闹钟时个位
            break;
    }

}
// ********************* 1 位数码管显示函数 ********************* //
//函数功能:显示一位数据 za
//入口参数:c—显示字符;w—显示位置;dot—小数点 dp
void dispone(unsigned char c,unsigned char w,unsigned char dot)
{
    unsigned char code dsp_code_dm[]=
                {0xc0,0xf9,0xa4,0xb0,0x99,0x92,0x82,0xf8,0x80,0x90,0xff};
       //共阳段码定义   0    1    2    3    4    5    6    7    8    9    灭
    unsigned char code dsp_code_wm[]={0x01,0x02,0x04,0x08};
                                //共阳位码定义 LED1,LED2,LED3,LED4
    P2=~0x00;                    //位选择无效
    P0=(dsp_code_dm[c] & dot);   //输出段码
    P2=~dsp_code_wm[w];          //输出位码
    delay(1);
}
// ********************* 延时函数 ********************* //
//函数功能:延时
//入口参数:t—延时参数,单位:ms
void delay(unsigned char t)
```

```
    {
        unsigned char i;
        while(t--)
        {
            for(i=0;i<112;i++);
        }
    }
```

以上程序功能还可进一步优化,比如当修改时间参数时可增加闪烁功能,实现的方法之一是增加一个全局变量 count_disp,每调用一次显示函数 disp 使其加 1,记录 disp 函数被调用次数,并根据此变量的值控制 LED 数码管显示与不显示,改进后的 disp 显示函数如下。

```
// *********************** 数码管显示函数 *********************** //
//函数功能:时间显示
void disp()
{
    count_disp++;
    if(count_disp==400)
        count_disp=0;
    switch(state)                          //分析运行状态
    {
        case 0:                            //计时状态
            dispone(h/10,0,0xff);          //显示时十位
            dispone(h%10,1,0x7f);          //显示时个位
            dispone(m/10,2,0xff);          //显示分十位
            dispone(m%10,3,0xff);          //显示分个位
            break;
        case 1:
            if(count_disp<200)
            {
                dispone(s/10,2,0xff);      //显示秒十位
                dispone(s%10,3,0xff);      //显示秒个位
            }
            else
            {
                dispone(10,2,0xff);        //清除显示
                dispone(10,3,0xff);        //清除显示
            }
            break;
        case 2:
            if(count_disp<200)
```

```
{
    dispone(m/10,2,0xff);          //显示分十位
    dispone(m%10,3,0xff);          //显示分个位
}
else
{
    dispone(10,2,0xff);            //清除显示
    dispone(10,3,0xff);            //清除显示
}
break;
case 3:
    if(count_disp<200)
    {
        dispone(h/10,2,0xff);      //显示时十位
        dispone(h%10,3,0xff);      //显示时个位
    }
    else
    {
        dispone(10,2,0xff);        //清除显示
        dispone(10,3,0xff);        //清除显示
    }
    break;
case 4:
    if(count_disp<200)
    {
        dispone(bs/10,2,0xff);     //显示闹钟秒十位
        dispone(bs%10,3,0xff);     //显示闹钟秒个位
    }
    else
    {
        dispone(10,2,0xff);        //清除显示
        dispone(10,3,0xff);        //清除显示
    }
    break;
case 5:
    if(count_disp<200)
    {
        dispone(bm/10,2,0xff);     //显示闹钟分十位
        dispone(bm%10,3,0xff);     //显示闹钟分个位
    }
    else
```

```
        {
            dispone(10,2,0xff);        //清除显示
            dispone(10,3,0xff);        //清除显示
        }
        break;
    case 6:
        if(count_disp<200)
        {
            dispone(bh/10,2,0xff);     //显示闹钟时十位
            dispone(bh%10,3,0xff);     //显示闹钟时个位
        }
        else
        {
            dispone(10,2,0xff);        //清除显示
            dispone(10,3,0xff);        //清除显示
        }
        break;
    }
}
```

五、数字时钟系统的功能调试

数字时钟的功能包括：计时功能、时间实时显示功能、时间调整功能、闹铃功能。

其中"秒"的变化通过控制一个发光二极管闪烁表示。4 位 LED 用于显示运行时间的"时"和"分"，其中"时"的个位显示小数点作为"时"和"分"的分隔符。显示格式如图 8-15 所示。

图 8-15　数字时钟时间显示格式

系统上电复位后自动进入时钟计时运行状态，显示当前计时时间。

系统采用独立式键盘，共设计了 4 个按键，分别为 S_1 至 S_4。

S_1 键：时钟参数修改功能选择键。系统初始运行为时钟计时状态，按一次 S_1 键后，系统停止计时，进入时间设定状态，保持原有显示，"分"闪烁，提示当前设置为"分"(LED 显示格式如图 8-16)，按两次 S_1 键修改"时"(LED 显示格式如图 8-17)，按三次修改"闹钟分"(LED 显示格式如图 8-18)，按四次修改"闹钟时"(LED 显示格式如图 8-19)，再按下 S_1 键系统恢复初始计时运行状态。

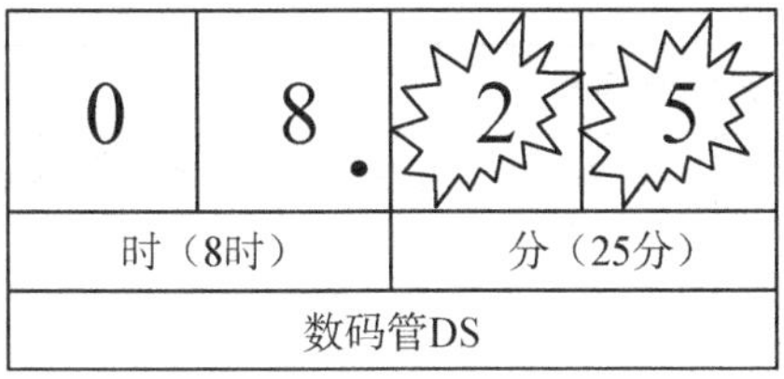

图 8-16　设置"分"显示格式

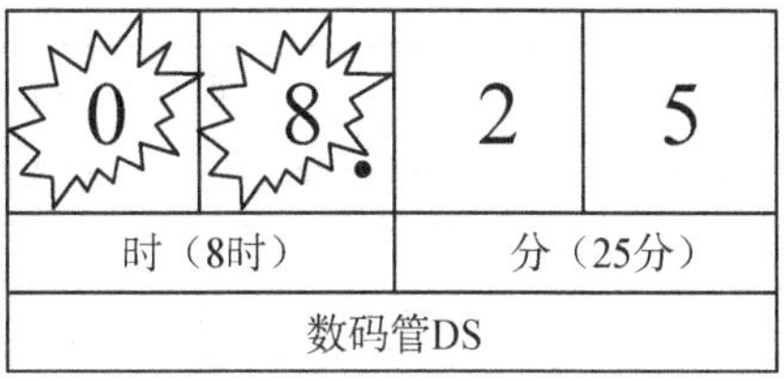

图 8-17　设置"时"显示格式

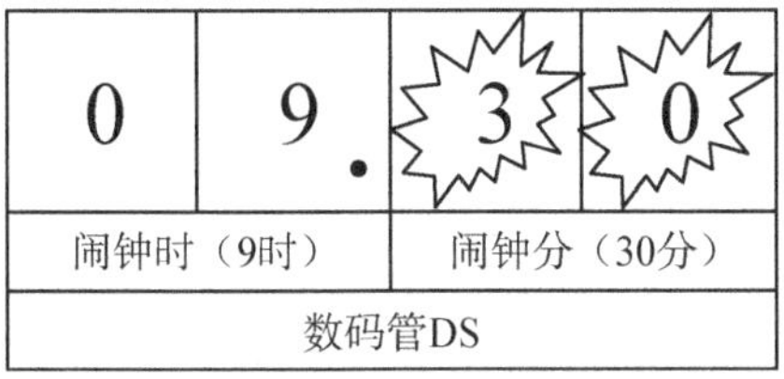

图 8-18　设置"闹钟分"显示格式

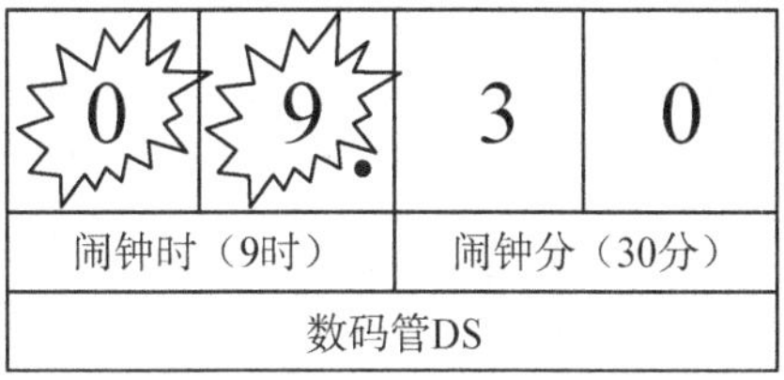

图 8-19　设置"闹钟时"显示格式

S_2 键：增 1 功能键，每按一次该键，根据 S_1 键选择当前工作状态，将相应的时间参数内容加 1。修改"时"时，根据时间制式到 23 或 11 后再加 1"清零"；修改"分"时，加到 59 后再加 1"清零"。

S_3 键：闹铃允许/禁止控制键，系统默认状态为禁止闹钟状态，按下 S_3 键，允许闹钟，再按下 S_3 键，禁止闹钟。如果当前正处于闹铃响状态，按下 S_3 键，禁止闹钟的同时，关闭闹铃。

S_4 键：时间制式控制键，系统默认状态为 24 小时制，按下 S_4 键，切换为 12 小时制，再按下 S_4 键，又切换为 24 小时制。

项目测评

项目实施内容	评价内容	评价依据	优秀	良好	合格	继续努力
硬件电路设计（30 分）	电路原理图仿真设计	能否正常仿真，功能无误				
	单片机开发板焊接	焊接工艺				
软件设计（50 分）	主控模块	1. 功能完整 2. 语法错误				
	按键功能模块	1. 功能完整 2. 语法错误				

项目 8　数字时钟系统测评表

续表

项目 8　数字时钟系统测评表

项目实施内容	评价内容	评价依据	优秀	良好	合格	继续努力
软件设计 (50 分)	时钟处理模块	1. 功能完整 2. 语法错误				
	闹钟处理模块	1. 功能完整 2. 语法错误				
	LED 显示模块	1. 功能完整 2. 语法错误				
	键盘读取模块	1. 功能完整 2. 语法错误				
	蜂鸣器驱动模块	1. 功能完整 2. 语法错误				
项目调试 (20 分)	程序正确性	有无语法错误				
	功能完整度	完成功能数				
总评						

✐ **拓展知识** ━━━━━━━━━━━━━━━━━━━━━━━━━━━━━━━━━━━━━●

一、数字时钟系统硬件电路开发板的制作

本项目的硬件电路和软件功能设计完成后,可以引导学生学习电路焊接组装相关知识,利用课下时间完成数字时钟系统硬件电路开发板的制作。

制作过程步骤如下。

1. 独立式键盘电路原理图设计

直接使用图 8-4 所示数字时钟电路原理图,也可自行设计或修改。

2. 独立式键盘电路元件清单制作

依据图 8-4 所示电路原理图,制作数字时钟电路。数字时钟硬件电路的制作是将前面已经焊接制作完成的单片机最小系统、显示、键盘、驱动等模块进行连接,组装成一个较完整的单片机应用系统。对应的元件清单如表 8-1 所示。

表 8-1　元件清单

元件	型号	封装(自选)	数量	备注
单片机最小系统模块	自制		1	
LED 显示模块	自制		1	
独立式键盘模块	自制		1	

续表

元件	型号	封装（自选）	数量	备注
驱动模块	自制		1	
数据线	杜邦线		若干	
接头	自选		若干	

3. 所需工具及器材准备

制作电路开发板的工具器材如表 8-2 所示。

表 8-2　制作工具或器材及说明

工具或器材	数量	说明
电烙铁	1 支	
电烙铁架	1 台	
焊锡丝	1 卷	建议 0.5～0.7 mm
万用表	1 台	
松香	1 块	
数字时钟电路图	1 份	采用图 8-4 所示电路原理图（可自设计）
元件清单	1 份	见表 8-1
元件包	1 袋	见表 8-1

4. 组装焊接数字时钟硬件电路

利用准备的工具和器材，制作焊接所需的数据连接线，然后连接组装数字时钟电路。教师在此过程中，应及时发现学生实践操作中的错误，并指导学生正确地按时按要求完成数字时钟电路的组装。

5. 测试数字时钟硬件电路

测试数字时钟硬件电路，是为了检查电路制作是否成功，如果不成功，要查找问题的原因，直至成功为止。测试时用万用表测量模块间的连接情况，保证各功能模块间可靠连接。教师在此过程中，可编写一个简单的数字时钟测试程序，让学生下载到制作完成的数字时钟单片机芯片中，运行测试自己的电路；另外，测试出现问题时，要引导学生分析解决问题。

二、系统程序优化

在完成程序设计后，复习 C 语言资源文件以及头文件设计和使用方法，我们可以根据模块化设计思想将程序进行优化，使得程序的可读性和维护性更强。

数字时钟由单片机、键盘输入、LED 显示、驱动等功能模块组成，硬件实现时由已经完成的单片机最小系统、独立式键盘模块、LED 显示模块及驱动模块组成，如图 8-20 所示。

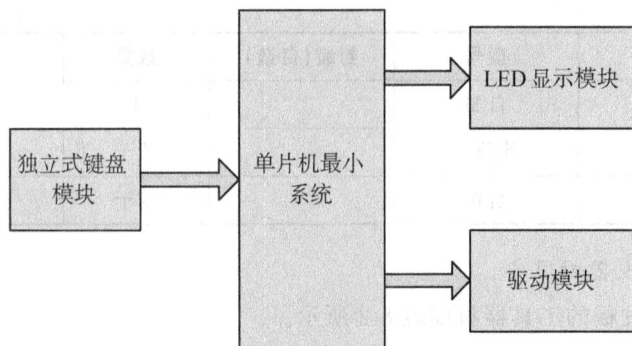

图 8-20　数字时钟组成结构

对应软件系统需要建立的模块包括：键盘读取模块、LED 时间显示模块、驱动模块、时间管理模块、闹钟管理模块、按键功能处理模块等。各模块功能与实现方法参见前文。

我们将分以下 3 个步骤进行：

1. 设计数字时钟各功能模块的资源程序文件

设计要求：数字时钟各功能模块的资源程序文件包括：键盘读取与处理程序文件：key.c；LED 显示程序文件：disp.c；驱动程序文件：driver.c；用于实现计时和闹铃管理的定时器初始化与中断程序文件：timer.c。

每一行程序添加必要的注释。

2. 设计数字时钟各功能模块的头文件

设计要求：对应上面数字时钟各功能模块的资源程序文件，需要建立的头文件包括：键盘读取与处理程序头文件：key.h；LED 显示程序头文件：disp.h；驱动程序头文件：driver.h；定时器管理头文件：timer.h。

3. 编写测试程序并调试

以单片机最小系统模块、LED 驱动电路、独立式键盘模块和驱动模块为基础，设计一个简单的测试方案，并编写一个测试用简单应用程序，测试数字时钟各功能模块的资源程序文件和头文件是否正确。

思考与练习

1. 请简述数字时钟的基本构成，以及它的基本功能。

2. 在数字时钟系统的开发中，你遇到最大的困难是什么？完成本项目，你有哪些收获和体会？

项目 9　温度检测系统

🎓 **项目描述** ————————————————————————————————●

　　A/D 转换器用于把模拟量转化成与之对应的数字量，按其输出形式分为并行数据输出型和串行数据输出型。为了节省51单片机的有限资源，目前使用串行数据输出型的 A/D 转换器较多，如 ADC0831；另外，温度传感器也是我们在单片机应用开发中常常用到的一种用于检测温度的传感器，如 LM34。掌握这些器件的使用，是 51 单片机应用系统开发的基本能力要求。

　　本项目要求使用51单片机系统控制，利用温度传感器、A/D 转换器制作一个温度检测系统，实现温度的检测和实时显示。

🎓 **学习目标** ————————————————————————————————●

【知识目标】

1. 了解前向通道的相关知识；
2. 掌握 A/D 转换器 ADC0831 的相关知识；
3. 掌握温度传感器 LM34 的相关知识；
4. 掌握 A/D 转换器和温度传感器的应用电路。

【技能目标】

1. 掌握温度测量系统硬件的设计与制作方法；
2. 掌握 ADC0831 芯片驱动编程和应用编程技术；
3. 完成 ADC0831 的资源文件和头文件设计与测试；
4. 完成温度监测系统应用软件的设计；
5. 完成温度监测系统硬件和软件的联合调试。

【素质目标】

1. 培养奋斗精神，刻苦学习，乐于奉献，敢于担当，实践创新；
2. 加强思想品德修养，培养包容、协作、团结、尊重的合作精神。

🛠 **相关知识** ————————————————————————————————●

▶知识点 1　单片机系统前向通道

　1. 前向通道的含义

　　当将单片机用作测控系统时，系统中总要有被测信号输入通道，由 CPU 拾取必要的输入信息。前向通道就是被测对象信号输出到单片机数据总线的输入通道。

对被测对象状态的测试一般都离不开传感器或敏感元件，这是因为被测对象的状态参数常常是一些非电物质量，如温度、压力、载荷、位移等，而计算机是一个数字电路系统。因此，在前向通道中，传感器、敏感元件及其相关电路占有重要地位。故前向通道也可称为传感器接口通道。

2. 前向通道的结构类型

前向通道的结构类型取决于被测对象的环境、输出信号的类型、数量、大小等。

根据传感器输出信号的大小、类型，前向通道结构如图 9-1 所示。

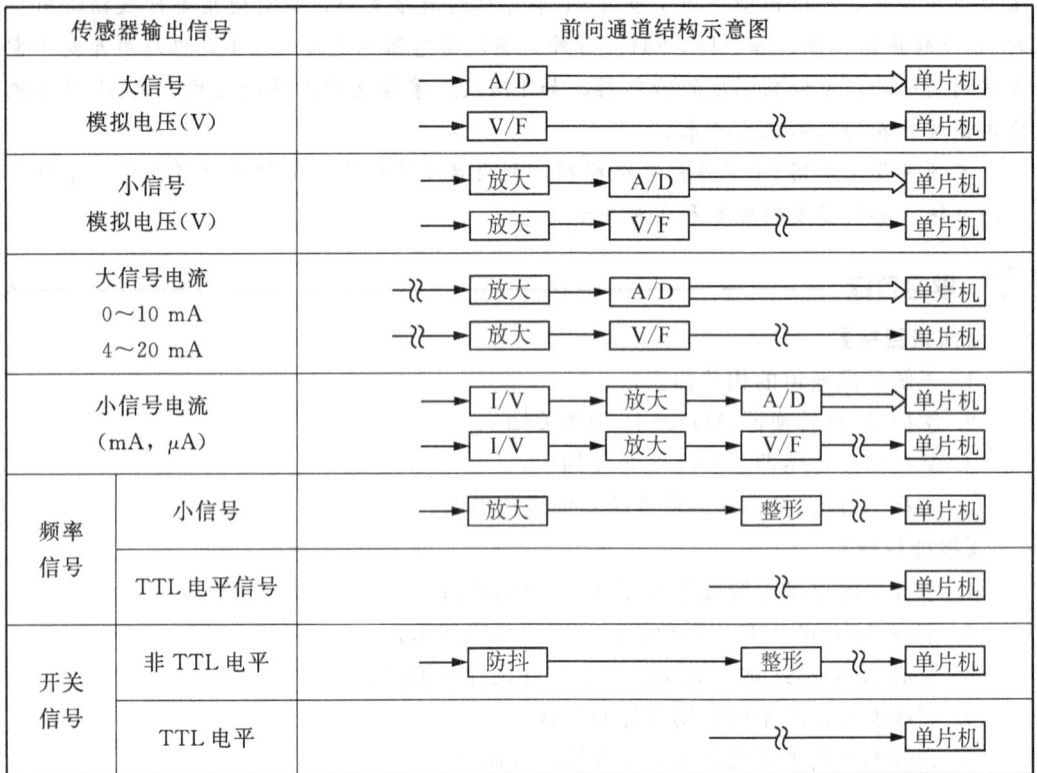

图 9-1　前向通道结构示意图

在前向通道中，如果配置的传感器的输出信号为大信号模拟电压，能直接满足 A/D 转换输入要求，那么可直接送入 A/D 转换器，经过 A/D 转换后再送入单片机。也可以通过 V/F 转换变化频率量送入单片机，但由于频率测量响应速度慢，多用于一些非快速过程参量的测量，这种通道结构的优点是抗干扰能力强，便于远距离传输。

如果传感器输出的是小信号模拟电压，那么首先应将该信号电压放大，放大到能满足 A/D 转换、V/F 转换要求的输入电压。

对于以电流为输出信号的传感器或传感仪表则首先要通过 I/V 转换，将电流信号转换成电压信号。最简单的 I/V 转换器就是一个精密电阻，当信号电流流过精密电阻时，其电压降与流过的电流大小成正比，从精密电阻两端取出的电压就是 I/V 变换后的电压信号。

▶知识点 2　传感器及模拟小信号的放大

单片机、传感器、线性集成电路的发展，对前向通道结构的发展产生重大影响。在设计前向通道时，应尽量了解这一领域的芯片技术，以优化前向通道结构。

近年来，传感器有了较大的发展，对计算机应用系统有较大影响的主要有以下几种。

1. 大信号输出传感器

为了与计算机 A/D 输入要求相适应，传感器厂家开始设计、制造一些专门与 A/D 转换器相配套的大信号输出传感器。通常是把放大电路与传感器做成一体，使传感器能直接输出 0～5 V、0～10 V、0～2.5 V 要求的信号电压。前向通道采用这类传感器可省去小信号放大环节。

2. 集成传感器

集成传感器是将敏感元件、测量电路、信号调节电路做成一体，成为新型的传感器。例如，将应变片、应变电桥、线性化处理、电桥放大等做成一体，构成压力传感器。采用集成传感器可以减轻前向通道中的信号调节任务，简化通道结构。

3. 数字量传感器

数字量传感器一般都是输出频率参量，具有抗干扰能力强、便于远距离传送等优点。采用数字量传感器时，传感器的输出如果满足 TTL 电平标准则可直接接入计算机的 I/O 口或中断入口，如果传感器输出不满足 TTL 电平，则需经电平转换或放大整形。

4. 光纤传感器

这种传感器其信号拾取、变换、传输都是通过光导纤维进行的，避免了电路系统的电磁干扰。在前向通道中使用光纤传感器可以从根本上解决由现场通过传感器引入的干扰。

▶知识点 3　常用 A/D 转换器的认知

在大规模集成电路高速发展的今天，由于计算机控制技术在工程领域内的广泛应用，A/D 转换器在应用系统中占据着重要的地位。为了满足各种不同的检测及控制任务的需要，大量结构不同、性能各异的 A/D 转换器应运而生。

A/D 转换芯片种类繁多，但大量投放市场的单片集成或模块 A/D 按其变换原理分类，主要有逐次比较式、双积分式、量化反馈式和并行式。与 A/D 转换相关的器件有采样/保持器及模拟开关。目前广泛使用的还是逐次比较式和双积分式 A/D 转换器。

1. 常见的逐次比较式 A/D 转换器

逐次比较式 A/D 转换器是目前种类最多、数量最大、应用最广的 A/D 转换器件。逐次比较式 A/D 转换器有单片集成与混合集成两种。

(1)单片集成逐次比较式 A/D 转换器

目前流行的单片集成逐次比较式 A/D 转换器有两类产品,一类是以双极型微电子工艺为基础的产品,另一类是以 CMOS 工艺为基础的产品。前者的转换速度较高,一般在 $1\sim40\ \mu s$ 范围内;后者转换速度较低,一般在 $50\sim200\ \mu s$ 范围内,但价格较低、功耗也小,而且转换速度也在不断提高。单片集成逐次比较式 A/D 的分辨率通常为 $8\sim13$ 位二进制量级。

单片集成逐次比较式 A/D 转换器主要有美国 National Semiconductor 公司产品:ADC0801~0805 型 8 位全 MOS A/D 转换器、ADC0808 系列多通道 8 位 CMOS A/D 转换器。ADC0808 系列芯片主要有 8 通道的 ADC0808/0809 和 16 通道的 ADC0816/0817。

ADC0808 的最大不可调误差小于 $\pm1/2$LSB,ADC0809 为 ±1LSB。两者的典型时钟频率为 640 kHz,每一通道的转换时间也需要 $66\sim73$ 个时钟脉冲,约为 $100\ \mu s$。

由于 ADC0808/0809 内部没有时钟电路,故时钟 f_{CLK} 必须由外部提供。

(2)混合集成逐次比较式 A/D 转换器

单片集成电路由于受微电子工艺条件限制,目前尚难做到高精度与高速度的统一。但是,在一块封装内包括几片不同微电子工艺技术制作的电路,组装后可得到技术性能较高的 A/D 转换器。这种混合集成 A/D 转换器也是目前广泛使用的一类 A/D 转换器件。

AD574A 型快速 12 位逐次比较式 A/D 转换器为美国模拟器件公司(Analog Devices,Inc.)产品,是一种内部由双片双极型电路组成的 28 脚双列直插式标准封装的集成 A/D 转换器。它无须外接元器件就可独立完成 A/D 转换功能。其内部设有三态数据输出锁存器,非线性误差小于 $\pm1/2$LSB 或 ±1LSB,一次转换时间为 $25\ \mu s$。其电源供给为 ±15 V 和 $+5$ V。

2. 常见的双积分式 A/D 转换器

双积分式 A/D 转换器是一种间接 A/D 转换技术。首先将模拟电压转换成积分时间,然后用数字脉冲计时方法转换成计数脉冲数,最后将此代表模拟输入电压大小的脉冲数转换成二进制或 BCD 码输出。因此,双积分式 A/D 转换器转换时间较长,一般要大于 $40\sim50$ ms。

但是,双积分式 A/D 转换器外接器件少,使用十分方便,而且具有极高的性价比,因此,在一些非快速过程的前向通道中使用十分广泛。目前我国市场上广为流行的是单片集成双积分 A/D 转换器,主要有下列类型。

(1)ICL7106/ICL7107/ICL7126 系列。美国 Intersil 公司产品,3(1/2)位精度,具有自校零、自动极性、单参考电压、静态七段码输出功能,可直接驱动 LED 或 LCD 显示器。相同的产品还有 TSC7106/TSC7107/TSC7126(美国 Teledyne 半导体公司产品)、CH7106(上海无线电十四厂产品)、DG7126(北京 878 厂产品)。

(2)MC14433。美国 Motorola 公司产品,3(1/2)位精度,具有自校零、自动极性、单参考电压、动态扫描 BCD 码输出、自动量程控制信号输出功能。相同的产品有 5G14433(上海长江无线电元件五厂产品)。

(3)ICL7135。美国 Intersil 公司产品，4(1/2)位精度，具有自校零、自动极性、单参考电压动态字位扫描 BCD 码输出、自动量程控制信号输出功能。相同的产品还有 5G7135(上海长江无线电元件五厂产品)。

(4)AD7550/AD7552/AD7555。美国 Analog Devices 公司产品。其中 AD7550 为 13 位二进制补码输出；AD7552 为 12 位二进制码输出；AD7555 为 5(1/2)位精度，动态字位扫描 BCD 码输出。

(5)ICL7109。美国 Intersil 公司产品，12 位二进制码输出，并带有一位极性位和一位溢出位。

3.A/D 转换器的技术指标

(1)量化误差与分辨率

A/D 转换器的分辨率习惯上以输出二进制位数或者 BCD 码位数表示。

例如，A/D 转换器 AD574A 的分辨率为 12 位，即该转换器的输出数据可以用 2^{12} 个二进制数进行量化，其分辨率为 1 LSB。如果用百分数来表示分辨率，其分辨率为

$$1/2^n \times 100\% = 1/2^{12} \times 100\% = 1/4096 \times 100\% = 0.0244\%$$

BCD 码输出的 A/D 转换器一般用位数表示分辨率，如 5G14433 双积分式 A/D 转换器，分辨率为 3(1/2)。满足字位为 1999，用百分位表示其分辨率时，分辨率为 $(1/1999) \times 100\% = 0.05\%$。

量化误差和分辨率是统一的，量化误差是由于有限数字对模拟数值进行离散取值(量化)而引起的误差。因此，量化误差理论上为一个单位分辨率，即 $\pm 1/2$ LSB。提高分辨率可减少量化误差。

(2)转换精度

A/D 转换器转换精度反映了一个实际 A/D 转换器与一个理想 A/D 转换器进行模/数转换时在量化值上的差值，可表示成绝对误差或相对误差，与一般测试仪表的定义相似。

(3)转换时间与转换速率

A/D 转换器完成一次转换所需要的时间为 A/D 转换时间。通常，转换速率是转换时间的倒数。目前，转换时间最短的 A/D 转换器为全并行式 A/D 转换器，用双极型或 CMOS 工艺制作的高速全并行式 A/D 转换器的转换时间为 $20 \sim 50$ MSPS(million samples per second)。用双极性工艺制作的逐次比较式 A/D 转换器的转换时间也达到了 $0.4 \mu s$，即转换速度为 2.5 MSPS。

(4)失调(零点)温度系数和增益温度系数

这两项指标都是表示 A/D 转换器受环境温度影响的程度。一般用每摄氏度温度变化所产生的相对误差作为指标，以 ppm/℃ 为单位表示。

(5)对电源电压变化的抑制比

A/D 转换器对电源电压的抑制比(power supply rejection ration，PSRR)用改变电源电压使数据发生 $\pm 1LSB$ 变化时所对应的电源电压变化范围来表示。

4.A/D 转换器选择原则

A/D 转换是前向通道中的一个环节，但并不是所有前向通道中都必须配备 A/D 转

换器。只有模拟量输入通道,并且输入计算机接口不是频率量而是数字码时,才用到 A/D 转换器。因此,首先要确定前向通道结构方案。当确定使用 A/D 转换器以后,可参照下列原则选择 A/D 转换器芯片。

(1)根据前向通道的总误差,选择 A/D 转换器精度及分辨率。

(2)根据信号对象的变化率及转换精度要求,确定 A/D 转换速度,以保证系统的实时性要求。另外,对快速信号必须考虑采样/保持电路。

(3)根据环境条件选择 A/D 转换芯片的一些环境参数要求,如工作温度、功耗、可靠性等级等性能。

(4)根据计算机接口特性,考虑如何选择 A/D 转换器的输出状态。例如,A/D 转换器是并行输出还是串行输出;是二进制码输出还是 BCD 码输出;是用外部时钟、内部时钟、还是不用时钟;有无转换结束状态信号;与 TTL、CMOS 及 ECL 电路的兼容性;与单片机接口是否简便;等等。

(5)还要考虑成本、资源、是否是流行芯片等因素。

5. A/D 转换器 ADC0831 的认知

目前使用串行数据输出型的 A/D 转换器较多,如 ADC0831。ADC0831 为 8 位逐次比较式 A/D 转换器,它有一个差分输入通道,串行输出配置为与标准移位寄存器或微处理器兼容的 microwire 总线接口,极性设置固定,不需寻址。其内部有一采样数据比较器,可将输入的模拟信号微分比较后转换为数字信号。模拟电压的差分输入方式有利于抑制共模信号和减少或消除转换的偏移误差,而且电压基准输入可调,使得小范围模拟电压信号转化时的分辨率更高。由于标准移位寄存器或微处理器将时间变化的数字信号分配到串口输出,当 IN-接地时为单端工作,此时 IN+ 为输入,也可将信号差分后输入到 IN+ 与 IN- 之间,此时器件处于双端工作状态。

其特点如下:

(1)8 位分辨率;

(2)单通道差输入;

(3)5 V 的电源提供 0～5 V 可调基准电压;

(4)输入和输出可与 TTL 和 CMOS 电平兼容;

(5)时钟频率为 250 kHz 时,转换时间为 32 μs;

(6)总失调误差为 1LSB;

(7)提供 DIP8 封装。

ADC0831 芯片的引脚排列图如图 9-2 所示,其功能说明如表 9-1 所示。

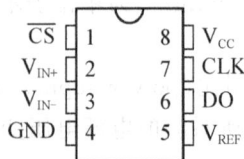

图 9-2　ADC0831 引脚排列图

表 9-1　ADC0831 引脚功能表

引脚编号	符号	功能
1	$\overline{CS}$	片选端(低电平有效)
2	V_{IN+}	差模输入正端
3	V_{IN-}	差模输入负端
4	GND	接地
5	V_{REF}	基准电压输入端
6	DO	串行数据输出端
7	CLK	串行时钟信号输入端
8	V_{CC}	电源

▶知识点 4　温度传感器的认知

温度传感器(temperature transducer)是指能感受温度并转换成可用输出信号的传感器。温度传感器是温度测量仪表的核心部件，种类繁多。按测量方式它可分为接触式和非接触式两大类，按照传感器材料及电子元件特性分为热电阻和热电偶两类。

温度传感器有四种主要类型：热电偶、热敏电阻、电阻温度检测器(RTD)和 IC 温度传感器。IC 温度传感器又包括模拟输出和数字输出两种类型。

下面重点介绍 IC 温度传感器中的 LM34 集成芯片。

LM34 系列是精密的温度传感器集成电路，其输出电压与华氏温度线性成比例。因此，LM34 与线性温度传感器相比在开氏温标的校准上有优势，用户不再需要从输出信号中减去一个恒定电压从而获得适合的华氏温度。LM34 不需要任何额外的校准或修正，电路就能够实现在室温下 $\pm\frac{1}{2}$ ℉的精度和在 $-50\sim300$ ℉的全温度范围内 $\pm1\frac{1}{2}$ ℉的精度。通过对晶圆级的修正与校准保证了芯片生产的低成本。LM34 输出阻抗低，线性输出和精确的校准性能使得从接口电路到读出电路或控制电路的实现变得很容易。它可以使用正向或反向的单电源驱动，工作时电源仅提供 75 μA 的电流，使得芯片发热的程度很低，在静止状态下温度升高小于 0.2 ℉。LM34 额定工作温度为 $-50\sim300$ ℉。

LM34 具有灵活的封装形式，有 TO-46、TO-92、SO-8 几种，如图 9-3 所示。

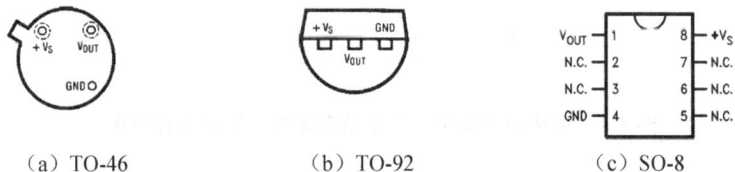

(a) TO-46　　(b) TO-92　　(c) SO-8

图 9-3　LM34 系列温度传感器封装形式

其特点如下：

(1)能够直接对华氏温度进行校正；

(2)灵敏度为 10 mV/℉；

(3)在 77 ℉可以达到 1 ℉的精度；

(4)可以在－50 ℉到 300 ℉的全温度范围下工作；

(5)适合远程应用程序；

(6)晶圆级的修正能降低成本；

(7)工作电压在 5～30 V；

(8)典型消耗电流为 90 μA；

(9)工作时发热极低，在静止状态下温度只升高 0.18 ℉；

(10)典型的非线性误差只有±0.5 ℉；

(11)具有极低的输出阻抗，典型值为 0.1 Ω。

☎ 项目实施

本次项目的实施过程，我们将分 4 个步骤进行：

(1)温度测量显示控制系统硬件电路设计及制作；

(2)温度测量显示控制系统软件设计；

(3)温度测量显示控制系统硬件与软件的联合调试；

(4)编制温度测量显示控制系统的设计说明书。

一、温度测量显示控制系统硬件电路设计及制作

1. 温度测量显示控制系统电路设计

温度测量显示控制系统电路原理图的设计参考图如图 9-4 所示。

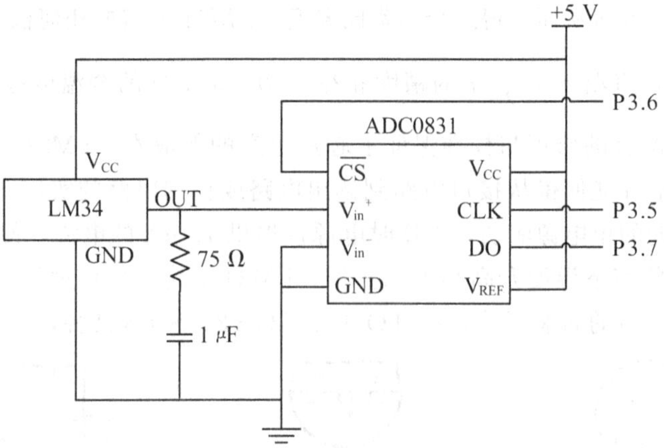

图 9-4　温度测量显示控制系统电路原理图的设计参考图

2. 元件清单制作

依据图 9-4 所示电路原理图，制作温度测量显示控制系统电路，列出与其对应的元件清单，如表 9-2 所示，其中各元件封装需自选定。

表 9-2　温度测量显示电路元件清单

元件	型号	封装（自选）	数量	备注
温度传感器	LM34		1	
A/D 转换器	ADC0831		1	
电容	1 μF		1	
电阻	75 Ω		1	
底座	8 脚		1	
排插	3 针		1	
万用板	自选		1	

3. 所需工具及器材准备

制作温度测量显示控制系统电路板所需工具或器材如表 9-3 所示。

表 9-3　制作工具或器材及说明

工具或器材	数量	说明
电烙铁	1 支	
电烙铁架	1 台	
焊锡丝	1 卷	建议 0.5～0.7 mm
万用表	1 台	
松香	1 块	
直流电源	1 个	5 V 直流电源，测试电路用
温度测量显示系统电路图	1 份	采用图 9-6 所示电路原理图（可自设计）
元件清单	1 份	见表 9-2（可按自设计的原理图制作元件清单）
元件包	1 袋	按表 9-2 提前采购

4. 元器件识别及检查

正确识别各元器件，并做上标记或记录；检查各元器件是否正常，如有异常立即更换。教师在这个教学环节，及时提供必要的指导，引导学生形成解决问题的思路和方法。

5. 组装焊接电路模块

利用准备的工具和器材，制作温度测量显示控制系统电路。教师在此过程中，可通过巡查发现学生实践操作中的不正确之处，并及时指导学生正确地按时按要求完成电路模块的焊接组装任务。

6. 测试电路

测试温度测量显示控制系统电路，是为了检查电路制作是否成功，如果不成功，要查找问题的原因，直至成功为止。学生需自行设计测试方案，记录分析测试结果，提交测试报告。

二、温度测量显示控制系统软件设计

1. 功能模块化

(1)A/D 转换器 ADC0831 的驱动设计

8 位的模数转换芯片 ADC0831，如图 9-5 所示，可采用差分输入（IN＋、IN－），也可将 IN－接地实现单端输入，可通过 V_{REF} 端设置转换参考电压，通常为 5 V（ADC0831 的工作电压）。

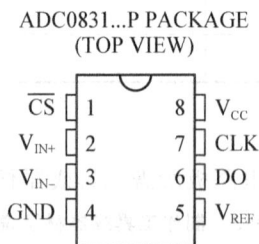

ADC0831...P PACKAGE
(TOP VIEW)

图 9-5　ADC0831 模数转换芯片的封装

本项目中，51 单片机的 P1.6 端口控制 ADC0831 的选通 CS 信号（CS 低电平有效）；P1.5 端口为 ADC0831 提供 CLK 时钟信号，根据输入端模拟电压幅度量化，在时钟信号的下降沿，将转换后的数字信号以串行的方式，从高位到低位依次输出；输出数据接至单片机的 P1.7 端口。ADC0831 模数转换器，输入模拟量转换后串行数据输出的控制时序，如图 9-6 所示。

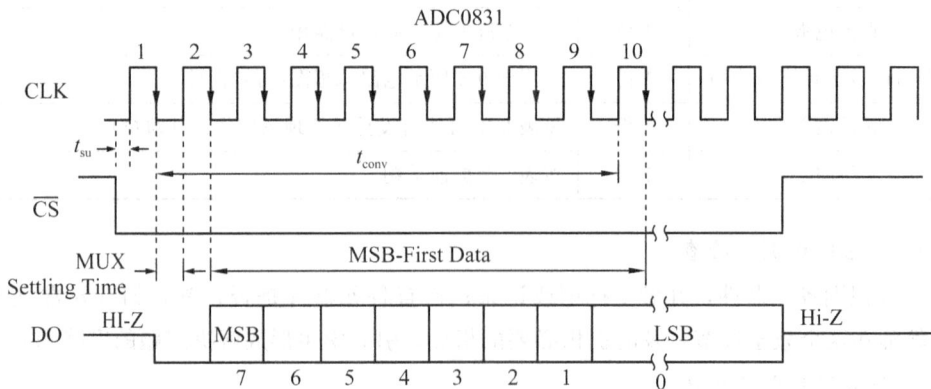

图 9-6　ADC0831 串行数据输出的控制时序

依据图 9-6 所示的 ADC0831 串行数据输出的控制时序，设计模数转换器 ADC0831 的 A/D 转换数据读取程序流程图，如图 9-7 所示。

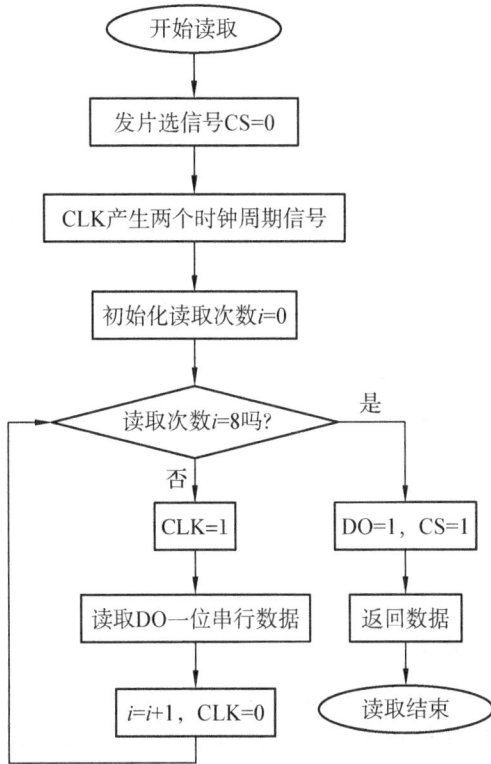

图 9-7 A/D 转换器 ADC0831 转换数据读取程序流程图

按照图 9-7 所示流程图，编写 A/D 转换器 ADC0831 的 A/D 转换数据读取函数，如程序 9-1 所示。

程序 9-1：A/D 转换数据读取函数 ReadADC0831 ()

```
#include <reg51.h>
#include <intrins.h>
#define   NOP()_nop_()              // 定义空指令
#define   DELAY1us()NOP()
sbit    ADC0831_CLK= P1^5;         // 定义 A/D 转换时钟信号引脚
sbit    ADC0831_CS=  P1^6;         // 定义 A/D 转换器片选信号引脚
sbit    ADC0831_DO=  P1^7;         // 定义 A/D 转换的串行数据输出引脚

//ReadADC0831 ()函数功能:读 ADC0831 转换的值函数
   unsigned char ReadADC0831 (void)
   {
   unsigned char ADCdata=0, i;
   ADC0831_CS=0;                    //片选 ADC0831,并延时 1 μs
   DELAY1us();                      //延时 1 μs
   ADC0831_CLK=1;                   //启动时钟信号
```

```
        DELAY1us();
        ADC0831_CLK=0;
        DELAY1us();
        ADC0831_CLK=1;
        DELAY1us();
        ADC0831_CLK=0;
        for(i=0;i<8;i++)              //开始读取 A/D 转换的值
        {
            ADC0831_CLK=1;            //时钟控制
            ADCdata <<= 1;
            if(ADC0831_DO)ADCdata++;
            ADC0831_CLK=0;            //时钟控制
        }                             //转换结束
        ADC0831_CS=1;
        ADC0831_DO=1;
        return(ADCdata);
    }
```

(2)ADC0831 的应用编程

ADC0831 转换器的应用之前,我们需要设计 ADC0831 的资源文件 ADC0831.c 和头文件 ADC0831.h,即 ADC0831 芯片的驱动编程,然后在此驱动程序的基础上完成 ADC0831 的应用编程。以上过程也是芯片应用的一般方法,ADC0831 转换器的资源文件和头文件的设计是我们将要完成的任务,ADC0831 转换器的应用编程如程序 9-2 所示。

程序 9-2:ADC0831 转换器的应用编程

```
    #include <reg51.h>
    #include <uart.h>                 //串口头文件
    #include <ADC0831.h>
    void main(void)
    {
        unsigned char c;
        unsigned int i;
        init_uart();                  //串口初始化
        init_ADC0831();               //ADC0831 初始化
        while(1)
        {
            c=ReadADC0831 ();
            Uart_SendByte(c);
            for(i=0;i<60000;i++);
        }
    }
```

　　ADC0831 转换器的应用程序说明：uart.h 是项目 5 中设计的串口中断的头文件，包含串口初始化函数 init_uart() 和串口字符发送函数 Uart _ SendByte()；ADC0831.h 是 ADC0831 转换器的头文件，包含 ADC0831 初始化函数 init_ADC0831() 和 A/D 转换数据读取函数 ReadADC0831 ()。

　　(3)LM34 测量温度与 ADC0831 的输出数值的关系

　　温度传感器 LM34 与 A/D 转换器 ADC0831 的连接，如图 9-8 所示。

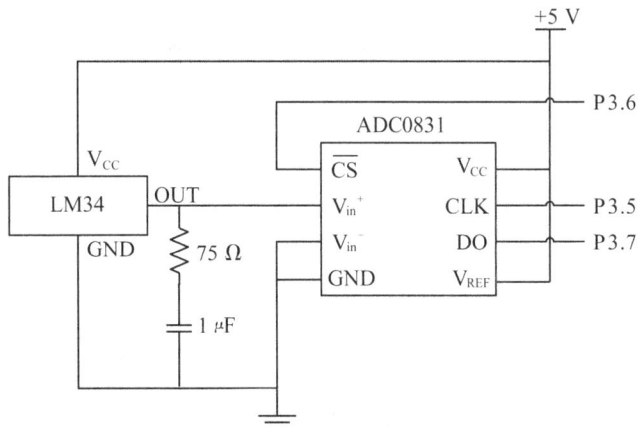

图 9-8　LM34 与 ADC0831 的连接

　　LM34 测量温度与输出电压的关系：1 °F 对应 10mV 电压。模数转换器 ADC0831 输入电压与输出数值的关系：0～5 000 mV 对应 0～255 数值。因此，按照图 9-8 中 LM34 与 ADC0831 的连接，LM34 测量温度 T 与 ADC0831 的输出数值的对应关系为：

　　　　T_h ＝((float)ReadADC0831 () / 255) ＊ 5000 / 10　　　　//LM34 测量温度 T_h 华氏度

转换成摄氏度为：

　　　　T_c ＝(((float)ReadADC0831()/255) ＊ 5000 / 10－32) ＊ 5/9　　//LM34 测量温度 T_c 摄氏度

关系简化：

　　　　T_c ＝((float)50 ＊ ReadADC0831()/51－16)/0.9　　　　//LM34 测量温度 T_c 摄氏度

　　(4)固定周期数据采样的编程

　　固定周期数据采样的编程，需要用到项目 5 设计完成的定时中断的资源文件 TIM0.c 和头文件 TIM0.h，我们将利用按固定周期执行的定时中断服务程序来完成固定周期数据采样。具体实现方法：直接修改定时中断的资源文件 TIM0.c 中的中断服务程序 int _ T0(void) interrupt 1，下面是按 1 s 周期读取 ADC0831 转换器输出数值的数据采样编程举例，如程序 9-3 所示。

　　程序 9-3：1 s 周期 ADC0831 数据采样定时中断服务程序

```
＃include ＜reg51.h＞
＃include ＜ADC0831.h＞        //添加部分 1:增加 ADC0831 的头文件
floatT＝0;                    //添加部分 2:增加实型变量 T 存放读取并转换的摄氏温
                               度数值
```

```
unsigned intnumT0=0；
void int_T0(void) interrupt 1
{
    TH0=T5MS>>8；        //5 ms 定时
    TL0=T5MS；           //5 ms 定时
    numT0++；
    if(numT0%200==0)    //每 1 s 执行一次
    {
                        //添加部分 3：1 s 周期读取并转换 ADC0831 输出数值的
                        //编程
        T=((float)50 * ReadADC0831 () / 51 - 16) / 0.9；
    }
    if(numT0>=12000)    //每 1min 执行一次,并且 numT0 计数归零
    {numT0=0;}
}
```

(5)实数(float 型数据)的数码显示

本项目中摄氏温度数值是一个实数，我们在显示的时候需保留一位小数。实数(float 型数据)的 LED 数码显示，需要解决的问题有两个：其一，实数的各位数码如何得到；其二，小数点如何正确显示。在项目 6 完成的 LED 动态显示的资源文件 LED. c 和头文件 LED. h 的基础上，对动态显示函数 LED _ DISPLAY()稍作修改，即可完成本项目中实数的显示。具体解决方案：由于温度始终显示一位小数，可以把温度数值 T 乘 10 取整，然后按四位整数的显示方法显示；由于小数点的显示位置始终在倒数的第二个 LED 数码管上，所以只需修改 LED. c 中的动态显示函数 LED _ DISPLAY()即可，修改后的 LED _ DISPLAY()动态显示扫描函数的程序流程，如图 9-9 所示。

按照图 9-9 所示流程图，编写 LED _ DISPLAY()动态显示扫描函数如下：

```
#include <reg51. h>
#define   IO_LED   P2
sbit LED1= P1^4；
sbit LED2= P1^5；
sbit LED3= P1^6；
sbit LED4= P1^7；
```

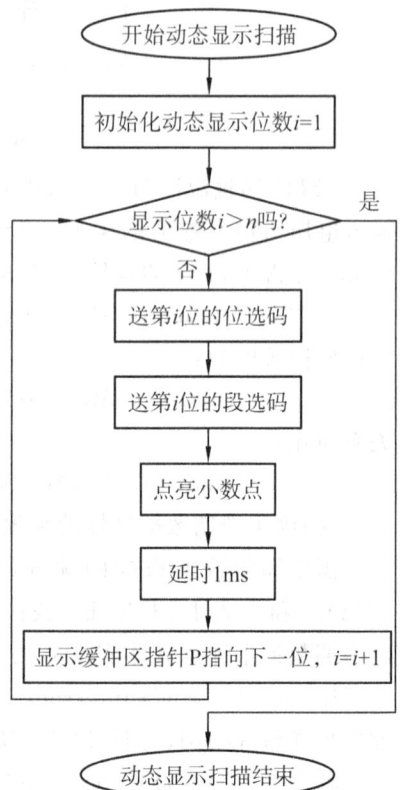

图 9-9 LED_DISPLAY()动态显示
扫描函数程序流程

```
//7 段 LED 共阳极接法译码表
unsigned char code SEG[]={0xc0,0xf9,0xa4,0xb0,0x99,0x92,0x82,0xf8,0x80,0x90};
//delay_nus()函数功能:延时函数
void delay_nus(unsigned int i)
{
    while(i--);
}
// LED_DISPLAY()函数功能:N 位 LED 数码管动态显示函数(一次扫描,N 不大于 4)
void LED_DISPLAY(unsigned char * p,unsigned char n)
{
    unsigned char   i;
    for(i=1;i<=n;i++)
    {
        IO_LED=0xFF;
        switch(i)
        {
            case 1:LED1=0;LED2=1;LED3=1;LED4=1;break;
            case 2:LED1=1;LED2=0;LED3=1;LED4=1;break;
            case 3:LED1=1;LED2=1;LED3=0;LED4=1;break;
            case 4:LED1=1;LED2=1;LED3=1;LED4=0;break;
        }
        IO_LED=SEG[* p];
        /* 添加部分:点亮倒数第 2 位数码管的小数点 */
        if(i==3) IO_LED=IO_LED&0x7F;
        /* 添加部分:点亮倒数第 2 位数码管的小数点 */
        p++;
        delay_nus(100);
    }
    IO_LED=0xFF;
}
```

2. 软件开发过程

在软件开发之前,需制作好温度测量显示控制系统硬件电路,准备相关调试工具与连接导线。

(1)建立 51 单片机应用开发项目

首先在桌面上建立一个名为"项目 9"的文件夹,在此文件夹下再建立三个文件夹,名称分别为"include""master"和"source",如图 9-10 所示。

然后在"master"文件夹中,建立一个名为 temperature 的 51 单片机应用开发项目,并设置正确。

图9-10　51单片机应用开发项目的文件管理

(2)资源文件和头文件设计

①完成资源文件 ADC0831.c 和头文件 ADC0831.h 的设计。

a) ADC0831.c 文件主要包含 init ＿ ADC0831 () 函数和 unsigned char ReadADC0831 (void) 函数，源程序如下。

```
#include <reg51.h>
#include <intrins.h>
#define   NOP()_nop_()                // 定义空指令
#define  DELAY1us()NOP()
#define  DELAY2us()NOP();NOP()
sbit     ADC0831_CLK=  P3^5;          // 定义 A/D 转换时钟(250 kHz)信号引脚
sbit     ADC0831_CS=  P3^6;           // 定义 A/D 转换器片选信号引脚
sbit     ADC0831_DO=  P3^7;           // 定义 A/D 转换的串行数据输出引脚
/***************************************************************/
/*               Function：ADC0831 转换器初始化                */
/***************************************************************/
void init_ADC0831 (void)             //ADC0831 转换器初始化
{
    ADC0831_CLK=0;
    ADC0831_CS=1;
    ADC0831_DO=1;
    DELAY2us();                      //延时 2 μs
}
/***************************************************************/
/*               Function：读 ADC0831 转换的值                 */
/***************************************************************/
```

```
    unsigned char ReadADC0831(void)          //读 ADC0831 转换的值,需要大于 42 μs 时间,
                                               不可中断读取过程
    {
        unsigned char ADCdata=0,i;
        ADC0831_CS=0;                        //片选 ADC0831,并延时 1 μs
        DELAY1us();                          //延时 1 μs
        ADC0831_CLK=1;                       //启动时钟信号
        DELAY1us();
        ADC0831_CLK=0;
        DELAY1us();
        ADC0831_CLK=1;
        DELAY1us();
        ADC0831_CLK=0;
        for(i=0;i<8;i++)                     //读取 A/D 转换的值
        {
            ADC0831_CLK=1;                   //时钟控制
            ADCdata <<= 1;
            if(ADC0831_DO)ADCdata++;
            ADC0831_CLK=0;                   //时钟控制
        }
        ADC0831_CS=1;
        ADC0831_DO=1;
        return(ADCdata);
    }
```

b)ADC0831.h 包含的内容如下。

```
    extern void init_ADC0831(void);           //ADC0831 转换器初始化
    extern unsigned char ReadADC0831(void);   //读 ADC0831 转换的值,需要大于 42 μs 时间,
                                                不可中断读取过程
```

②完成资源文件 TIM0.c 和头文件 TIM0.h 的设计。

a)TIM0.c 文件主要包含定时器 T0 中断需设计初始化函数 init _ T0(void)和中断服务程序 int _ T0(void) interrupt1。

源程序如下。

```
    #include <reg51.h>
    #define FOSC 11059200L
    #define T5MS (65536-FOSC /12/200)   //5ms 定时器初值
    void init_T0(void)
    {
        TMOD|=0x01;                      //工作方式 1
        TH0=T5MS>>8;                     //5ms 定时初值设置
        TL0=T5MS;                        //5ms 定时初值设置
```

```
        TR0=1;                          //开定时中断
        PT0=0;
        ET0=1;
        EA=1;
    }
    unsigned intnumT0=0;
    void int_T0(void) interrupt 1
    {
        TH0=T5MS>>8;                     //5ms 定时初值重置
        TL0=T5MS;                        //5ms 定时初值重置
        numT0++;
        if(numT0%20==0)                  //每 0.1s 执行一次
        {
                                         //在此定义执行周期为 0.1s 的任务 1
        }
        if(numT0%200==0)                 //每 1s 执行一次
        {
                                         //在此定义执行周期为 1s 的任务 2
        }
        if(numT0>=12000)                 //每 1min 执行一次,并且 numT0 计数归零
        {
                                         //在此定义执行周期为 1min 的任务 3
            numT0=0;
        }
    }
```

b)TIM0.h 包含的内容如下。

```
    #ifndef __z_TIM0_H__
    #define __z_TIM0_H__
    extern void init_T0(void);
    #endif
```

③完成资源文件 LED.c 和头文件 LED.h 的设计。

a)LED.c 源程序如下。

```
    #include <reg51.h>
    #define   IO_LED   P2
    sbit LED1= P1^4;
    sbit LED2= P1^5;
    sbit LED3= P1^6;
    sbit LED4= P1^7;
    //7 段 LED 共阳极接法译码表
    unsigned char code SEG[]={0xc0,0xf9,0xa4,0xb0,0x99,0x92,0x82,0xf8,0x80,0x90};
```

```
void DtoSEG(int temp,unsigned char * p)
{
    * p=temp/10;
    temp=temp%10;
    p++;
    * p=temp;
}
//延时函数
void delay_nus(unsigned int i)
{
   while(i--);
}
//N 位 LED 数码管动态显示函数(一次扫描,N 不大于 4)
void LED_DISPLAY(unsigned char * p,unsigned char n)
{
    unsigned char  i;
    for(i=1;i<=n;i++)
    {
        IO_LED=0xFF;
        switch(i)
        {
            case 1:LED1=0;LED2=1;LED3=1;LED4=1;break;
            case 2:LED1=1;LED2=0;LED3=1;LED4=1;break;
            case 3:LED1=1;LED2=1;LED3=0;LED4=1;break;
            case 4:LED1=1;LED2=1;LED3=1;LED4=0;break;
        }
        IO_LED=SEG[ * p];
        p++;
        delay_nus(100);
    }
    IO_LED=0xFF;
}
    if(i==3) IO_LED=IO_LED|0x80;
```

b)LED. h 包含的内容如下。

```
extern void DtoSEG(int temp,unsigned char * p);
extern void LED_DISPLAY(unsigned char * p,unsigned char n);
```

④在"include"文件夹中存放头文件，如 ADC0831. h、TIM0. h 和 LED. h。

⑤在"source"文件夹中存放资源文件，如 ADC0831. c、TIM0. c 和 LED. c。

⑥在 temperature 项目中，添加需要用到的存放在"source"文件夹中的资源文件，如 ADC0831. c、TIM0. c 和 LED. c。

3. 温度测量显示控制系统的应用程序设计

(1)在"master"文件夹中，建立一个名为 main. c 的 C 语言程序文件，并添加到 temperature 的项目中。

(2)明确温度测量显示控制系统应用程序的设计要求：按 0.5 s 固定周期读取温度的测量值，并实时显示在 4 位 LED 数码管显示器上面，需保留一位小数。

(3)按照温度测量显示控制系统应用程序的设计要求，编写应用程序文件 main. c。

主程序源程序编写如下。

```
#include <reg51.h>
#include <ADC0831.h>        //包含初始化函数 init_ADC8031()和 A/D 转换数据
                              读取函数 ReadADC0831()
#include <TIM0.h>           //包含定时器中断初始化函数 init_T0()和中断服务程
                              序 int_T0(void) interrupt1
#include <LED.h>            //包含数码管动态显示函数 LED_DISPLAY()
extern float T;             //外部实型变量 T 存放读取并转换的摄氏温度数值
unsigned int value=0;
void main()
{
    unsigned char p[4]={0,0,0,0};
    init_ADC0831 ();        //ADC0831 初始化
    init_T0();              //定时器 T0 初始化
    while(1)
    {
        value=(int)(T * 10);
        p[0]=value/1000;
        p[1]=(value%1000)/100;
        p[2]=(value%100)/10;
        p[3]=value%10;
        LED_DISPLAY(p,4);    //LED 数码管动态显示温度
    }
}
```

三、温度测量显示控制系统硬件与软件的联合调试

进行温度测量显示控制系统硬件与软件的联合调试，其目的是发现硬件与软件设计的错误和缺陷，并正确分析原因加以改正，直至达到用户或设计要求的性能。可能存在的问题，如温度测量值不准确、LED 显示器亮度不够或闪烁等。如果出现上述不正常现象，请分析系统硬件或软件可能存在的问题，并加以改正。

四、编制温度测量显示控制系统的设计说明书

编制温度测量显示控制系统的设计说明书，是学生工作能力培养的重要环节。设

计说明书主要包括：系统硬件设计说明和系统软件设计说明。（可通过学习后引导学生自行归纳编写）

项目测评 ──

<table>
<tr><td colspan="7" align="center">项目 9　温度检测系统测评表</td></tr>
<tr><th>项目实施内容</th><th>评价内容</th><th>评价依据</th><th>优秀</th><th>良好</th><th>合格</th><th>继续努力</th></tr>
<tr><td rowspan="2">硬件电路设计
（30分）</td><td>电路原理图
仿真设计</td><td>能否正常仿真，
功能无误</td><td></td><td></td><td></td><td></td></tr>
<tr><td>单片机开发板
焊接（可选做）</td><td>焊接工艺</td><td></td><td></td><td></td><td></td></tr>
<tr><td rowspan="4">软件设计
（50分）</td><td>ADC0831
驱动模块</td><td>1. 功能完整
2. 语法错误</td><td></td><td></td><td></td><td></td></tr>
<tr><td>传感器数据
采样模块</td><td>1. 功能完整
2. 语法错误</td><td></td><td></td><td></td><td></td></tr>
<tr><td>数码显示模块</td><td>1. 功能完整
2. 语法错误</td><td></td><td></td><td></td><td></td></tr>
<tr><td>主控程序</td><td>1. 功能完整
2. 语法错误</td><td></td><td></td><td></td><td></td></tr>
<tr><td rowspan="2">项目调试
（20分）</td><td>程序正确性</td><td>有无语法错误</td><td></td><td></td><td></td><td></td></tr>
<tr><td>功能完整度</td><td>完成功能数</td><td></td><td></td><td></td><td></td></tr>
<tr><td>总评</td><td colspan="6"></td></tr>
</table>

思考与练习 ──

1. 在单片机测控系统中，为什么要进行 A/D 转换？请说说 A/D 转换的原理。

2. 查阅资料，比较温度传感器 LM34 和 LM35 的区别。

3. 在温度检测系统的开发中，你遇到最大的困难是什么？完成本项目，你有哪些收获和体会？

项目 10 直流电动机调速系统

项目描述

直流电动机具有良好的启动、制动性能，宜于在大范围内平滑调速，在许多需要调速或正反向的电力快速拖动领域中得到了广泛的应用。本项目是通过单片机技术来实现直流电动机调速的控制，主要通过学习直流电动机工作原理以及直流电动机调速系统的设计方法，使大家掌握直流电动机调速系统的工作原理和硬件设计方法。通过完成本项目，为掌握单片机技术在其他控制领域的应用打好基础。

本项目要求利用 51 单片机控制系统，搭载 L298N 直流电动机驱动芯片，控制直流电动机，完成直流电动机的调速。

学习目标

【知识目标】

1. 了解直流电动机的基本工作原理；

2. 熟悉直流电动机调速系统的控制方法；

3. 掌握直流电动机调速系统的电路原理；

4. 了解 PWM 技术在直流电动机调速中的应用；

5. 掌握直流电动机驱动芯片 L298N 的使用方法；

6. 掌握功能按钮的设计与编程方法。

【技能目标】

1. 能够完成直流电动机调速系统硬件的设计与制作；

2. 掌握 L298N 驱动编程和应用编程技术；

3. 完成 L298N 驱动的资源文件和头文件设计与测试；

4. 完成直流电动机调速系统应用软件的设计；

5. 完成直流电动机调速系统硬件和软件的联合调试。

【素质目标】

1. 增强综合素质，培养科学精神、创新思维和综合能力；

2. 培养勇于奋斗、刻苦学习、乐于奉献、敢于担当、实践创新的精神。

知识点 1　PWM 技术概述

一、定义

PWM(pulse width modulation)意为脉冲宽度调制，简称脉宽调制。PWM 控制技术就是对脉冲的宽度进行调制的技术，即通过对一系列脉冲的宽度进行调制，来等效地获得所需要的波形。

二、PWM 的特点

脉冲宽度调制是一种模拟控制方式，其根据相应载荷的变化来调制晶体管基极或 MOS 管栅极的偏置，来实现晶体管或 MOS 管导通时间的改变，从而实现开关稳压电源输出的改变。这种方式能使电源的输出电压在工作条件变化时保持恒定，是利用微处理器的数字信号对模拟电路进行控制的一种非常有效的技术。

PWM 控制技术以其控制简单、灵活和动态响应好的优点而成为电力电子技术最广泛应用的控制方式，也是人们研究的热点。由于当今科学技术的发展已经降低了学科之间的门槛，结合现代控制理论思想或实现无谐振波开关技术将会成为 PWM 控制技术发展的主要方向之一。PWM 控制技术应用在许多控制领域中，如电动机调速、温度控制、压力控制系统。

三、PWM 技术分类

PWM 控制的基本原理很早就已经提出，但是受电力电子器件发展水平的制约，在 20 世纪 80 年代以前一直未能实现。直到进入 20 世纪 80 年代，随着全控型电力电子器件的出现和迅速发展，PWM 控制技术才真正得到应用。随着电力电子技术、微电子技术和自动控制技术的发展，以及各种新的理论方法如现代控制理论、非线性系统控制思想的应用，PWM 控制技术获得了空前的发展，到目前为止，已经出现了多种 PWM 控制技术，如相电压控制 PWM、脉宽 PWM 法、随机 PWM、SPWM 法、线电压控制 PWM 等。

本项目主要采用的就是脉宽 PWM 法的控制思想，它是把每一脉冲宽度均相等的脉冲列作为 PWM 波形，通过改变脉冲列的周期可以调频，改变脉冲的宽度或占空比可以调压，采用适当控制方法即可使电压与频率协调变化。

四、PWM 控制技术的原理认知

PWM 控制技术是通过控制固定电压的直流电源开关频率，改变负载两端的电压，从而达到控制要求的一种电压调整方法。

在 PWM 驱动控制的调整系统中，按一个固定的频率来接通和断开电源，并且根据需要改变一个周期内"接通"和"断开"时间的长短。通过改变直流电动机电枢上电压的"占空比"来达到改变平均电压大小的目的，从而来控制电动机的转速。也正因如此，PWM 又被称为"开关驱动装置"。

五、PWM 技术在直流斩波电路中的应用认知

1. 定义

将直流电变为另一固定电压或者可调电压的直流电，也称为直流—直流变换器。

2. 直流斩波的原理

如图 10-1 所示，S 是电力电子器件，在理想状态下，可以认为是一个开关器件。当 S 导通时，相当于开关闭合；当 S 截止时，相当于开关断开。

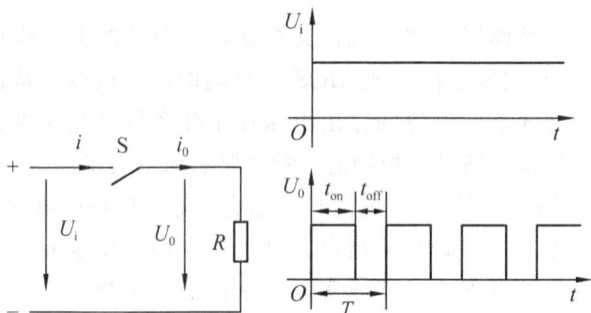

图 10-1 直流斩波电路基本原型及输出波形

当 S 闭合时，负载两端电压 $U_0 = U_i$；

当 S 断开时，负载两端电压 $U_0 = 0$。

设一个工作周期为 T，S 闭合的时间为 t_{on}，S 断开的时间为 t_{off}，$T = t_{on} + t_{off}$，占空比 $\alpha = t_{on}/T$。就好比是电源电压 U_i 在 t_{on} 时间内接上了，又在 $t_{off} = T - t_{on}$ 时间内被斩断，故称"斩波"。那么负载端输出电压 $U_0 = \alpha U_i$，波形如图 10-1 所示。

如果要改变负载两端的输出电压，必须改变占空比 α。

3. 直流斩波电路三种控制方式

改变占空比 α 的方式有三种，根据对输出电压平均值进行调制的方式不同而划分。

(1)脉冲宽度调制(PWM)：保持 T 不变，改变 t_{on}；

(2)脉冲频率调制(PFM)：保持 t_{on} 不变，改变 T(或保持 t_{off} 不变，改变 T)；

(3)混合型：t_{on} 和 T 都可调。

本项目中，采用 PWM 技术控制思想去完成直流电动机的速度调节，即改变输入电压的占空比，就可改变输出端电压，从而达到调速的目的。

▶ 知识点 2 L298N 电动机驱动芯片的认知

在直流电动机调速系统中，电动机驱动电路主要可以由专用的电动机驱动芯片

L298N 来完成实现，通过单片机的 I/O 输入改变芯片控制端的电平，即可控制电动机进行正反转、停止以及速度变化。

1. 芯片封装图

L298 是 SGS 公司的产品，比较常见的是 15 脚封装的 L298N，如图 10-2 所示。

图 10-2　芯片封装图

2. 芯片引脚功能（图 10-3）

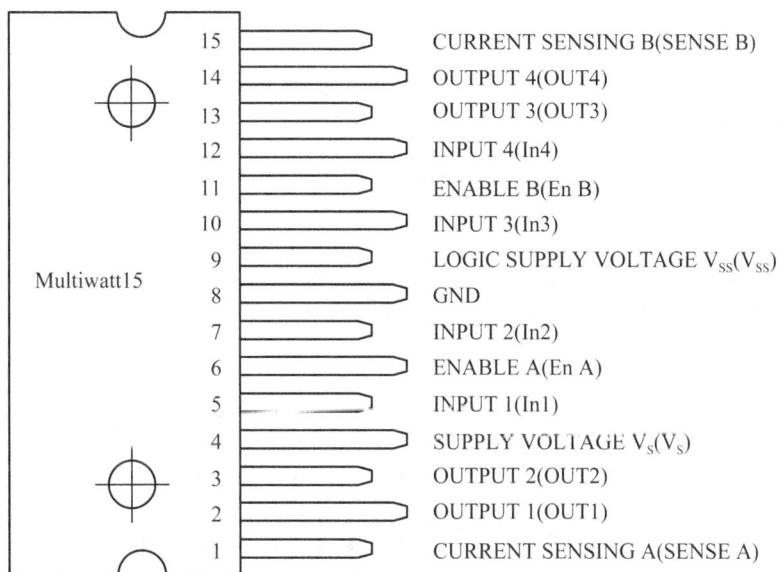

图 10-3　芯片引脚图

（1）1 和 15 脚：分别为两个 H 桥的电流反馈脚，不用时，可以直接接地使用。

（2）2 和 3 脚：OUT1 和 OUT2 输出端，分别接电动机，可以控制一个直流电动机。

（3）4 脚：V_s 脚，驱动部分输入电压，根据电动机工作电压而定。

（4）5 和 7 脚：In1 和 In2 引脚输入端，主要输入控制电平，TTL 电平兼容，接单片机的 I/O 口，控制电动机的正反转。

（5）6 和 11 脚：En A 和 En B，输入使能端，低电平禁止输出。

（6）8 脚：GND 接地端。

(7)9 脚：逻辑供应电源电压 V_{SS}，是用来驱动 L298N 芯片的，此引脚与地之间必须接 100 μF 电容器。

(8)10 和 12 脚：In3 和 In4 引脚输入端，主要输入控制电平，TTL 电平兼容，接单片机的 I/O 口，控制电动机的正反转。

(9)13 和 14 脚：OUT3 和 OUT4 输出端，分别接电动机，可以控制一个直流电动机。

其中，使能、输入引脚和输出引脚的逻辑关系见表 10-1。

表 10-1 使能、输入引脚和输出引脚的逻辑关系

En A(En B)	In1(In3)	In2(In4)	电动机运行情况
1	1	0	正转
1	0	1	反转
1	0	0	快速停止
	1	1	
0	×	×	停止

我们只需要控制相应的引脚输入信号就可以实现 PWM 脉宽速度调整。

3. 芯片内部结构

L298N 芯片内部结构图如图 10-4 所示。

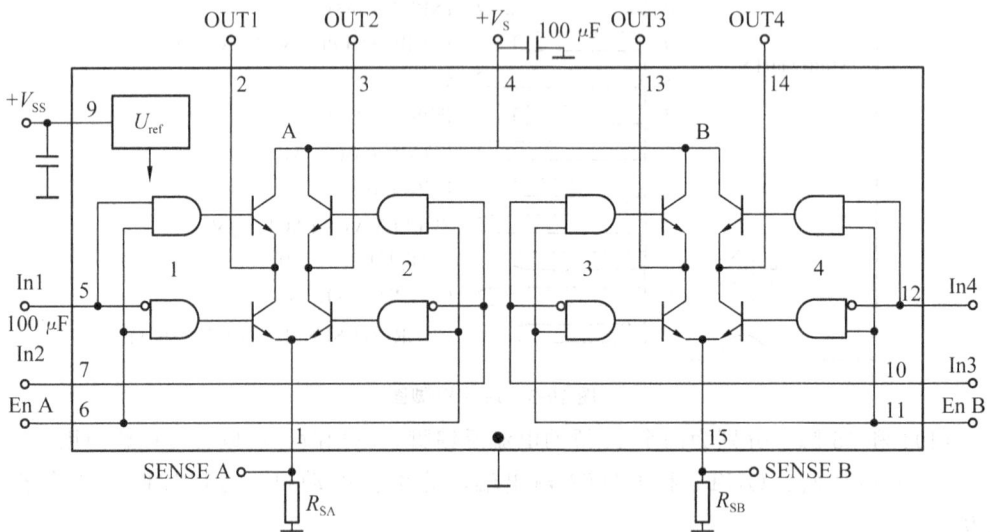

图 10-4 L298N 芯片内部结构图

L298N 芯片内部包含 4 通道逻辑驱动电路。是一种二相和四相电动机的专用驱动器，即内含两个 H 桥的高电压大电流双全桥式驱动器，接收标准 TTL 逻辑电平信号，主要用于放大信号，可以驱动 46 V、2A 以下的电动机。

（1）L298N 内部由两个完全相同的桥式驱动电路构成，分别可以驱动两个直流电动机的正反转。

（2）组成桥式驱动的是四个大功率的 NPN 三极管，两路共 8 个。

（3）控制每路四个功率管的则是四个门电路（Q\R\S\T 门电路），两路共 8 个。

（4）控制直流电动机正、反转的是 In1 和 In2，另一路是 In3 和 In4。

（5）En A 和 En B 是禁止输出控制。

4. 芯片工作参数

（1）逻辑部分输入电压 V_{SS}：6～7 V；

（2）驱动部分输入电压 V_S：4.8～46 V；

（3）逻辑部分工作电流 I_{SS}：≤36 mA；

（4）驱动部分工作电流 I_O：≤2A；

（5）最大耗散功率：25W（$T=75℃$）；

（6）控制信号输入电平：高电平：$2.3\text{ V}≤V_{IN}≤V_{SS}$，低电平：$-0.3\text{ V}≤V_{IN}≤1.5\text{ V}$；

（7）工作温度：$-25℃～+130℃$；

（8）驱动形式：双路大功率 H 桥驱动。

▶知识点 3　直流电动机的认知

直流电动机是将直流电能转换为机械能的电动机。直流电动机是一种以脉冲信号控制转速的电动机，很适合使用单片机来控制，直流电动机因其良好的调速性能而在电力拖动中得到广泛应用，如在轧钢机、电车、电气铁道牵引上都有广泛的应用。

1. 直流电动机的结构

直流电动机主要由定子和转子两大部分组成，定子与转子之间有很小的气隙，其结构示意图如图 10-5 所示。

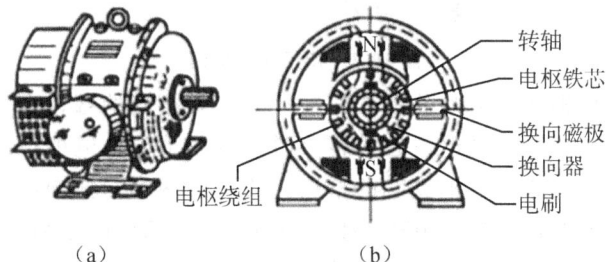

图 10-5　直流电动机结构图

（1）定子

定子包括：主磁极、机座、换向磁极、电刷装置等，如图 10-6 所示。

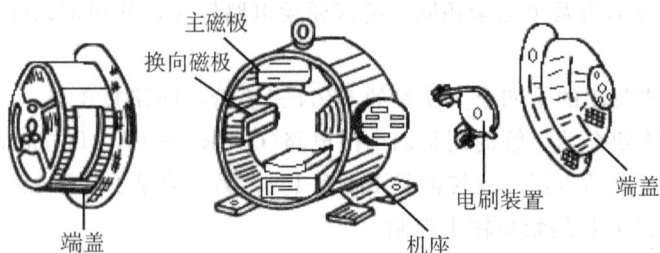

图 10-6　定子的结构图

机座用来放置主磁极和换向磁极,同时它也是磁路的一部分,起导磁作用,用铸铁或铸钢制成。机座的两边各有一个端盖,端盖的中心是空的,用以装转轴。主磁极由磁极铁芯和励磁绕组组成,可以是一对、两对、三对等。当励磁绕组通以直流电时,产生恒定的磁场,改变电源电流的极性即可改变磁场的方向。主磁极铁芯一般都采用电磁铁,由直流电流来励磁。只有小直流电动机的主磁极才用永久磁铁,这种电动机称为永磁直流电动机。

换向磁极由换向磁极铁芯和绕组构成,与主磁极交替放置。它的作用是产生附加磁场,改善换向性能。1 kW 以下的直流电动机一般换向磁极的个数较少或不装换向磁极,超过 1 kW 的直流电动机都装换向磁极。

电刷装置的作用是把转子电路与外电路连接起来,由电刷、刷盒、铜丝辫、压紧弹簧等构成。电刷架装在端盖上,可以移动,用以调整电刷的位置。

(2)转子

转子包括:电枢铁芯、电枢绕组、换向器、转轴和风扇等,如图 10-7 所示。

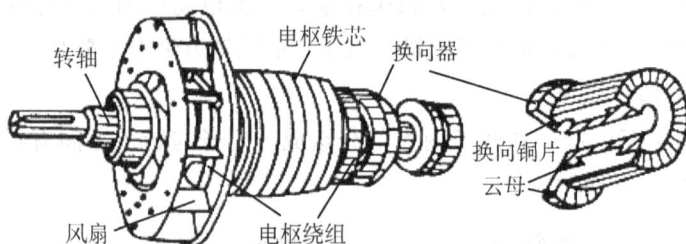

图 10-7　转子的结构图

电枢铁芯是用硅钢冲压成片叠成的,冲片之间要相互绝缘,表面有许多均匀分布的槽,用来嵌放电枢绕组。电枢铁芯是整个磁路的一部分。电枢绕组由多个线圈按一定的规律连接起来,嵌放在电枢铁芯的槽内,线圈的两端与换向器按规律连接。电枢绕组是直流电动机的电路部分,用来产生感应电动势、感应电流和电磁转矩。

换向器是直流电动机一个比较重要的部件,装在转轴的一端,它与电刷一起将外加的直流电变换成交流电,提供给转子电路。换向器由许多铜质换向片叠成圆柱体,每个换向片套在云母绝缘套筒中,所有套有云母绝缘套筒的换向片嵌放在金属套筒中,固定成一个整体后浇铸成型。

2. 直流电动机的种类

直流电动机的励磁方式是指励磁绕组如何供电从而产生励磁磁通势并建立主磁场。根据励磁方式的不同，直流电动机可分为下列几种类型。

(1)他励直流电动机

励磁绕组与电枢绕组无连接关系，而由其他直流电源对励磁绕组供电的直流电动机称为他励直流电动机。

(2)并励直流电动机

并励直流电动机的励磁绕组与电枢绕组相并联。作为并励发电机来说，是电动机本身发出来的端电压为励磁绕组供电；作为并励电动机来说，励磁绕组与电枢共用同一电源，从性能上讲与他励直流电动机相同。

(3)串励直流电动机

串励直流电动机的励磁绕组与电枢绕组串联后，再接于直流电源，这种直流电动机的励磁电流就是电枢电流。

(4)复励直流电动机

复励直流电动机有并励和串励两个励磁绕组。若串励绕组产生的磁通势与并励绕组产生的磁通势方向相同称为积复励。若两个磁通势方向相反，则称为差复励。

不同励磁方式的直流电动机有着不同的特性。一般情况直流电动机的主要励磁方式是并励式、串励式和复励式，直流发电机的主要励磁方式是他励式、并励式和复励式。

3. 直流电动机的特点

直流电动机主要有以下几方面的特点。

(1)调速范围广，易于平滑调节。

(2)过载、启动、制动转矩大。

(3)易于控制，可靠性高。

(4)调速时的能量损耗较小。

4. 直流电动机的工作原理

直流电动机是基于电磁感应的原理，使得转轴受到一个力的作用旋转起来。这里我们以最简单的电动机模型来说明直流电动机的转动原理。如图 10-8 所示，N、S 为一对主磁极，通过直流电源励磁产生恒定磁场，励磁绕组未画出。电枢绕组只画了一个线圈，1、2 为两个换向片，与电枢绕组相连，A、B 两个电刷与外电路相连。

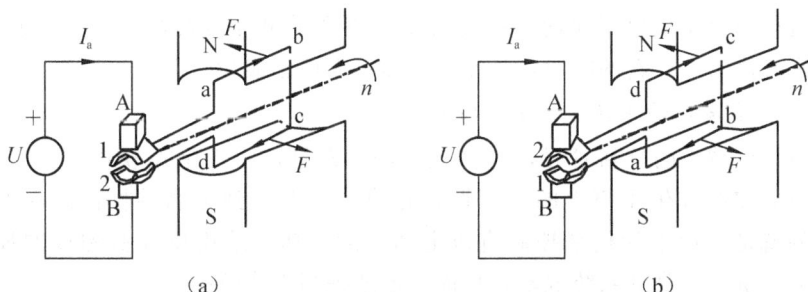

(a)　　　　　　　　　　　　　　　　　　(b)

图 10-8　直流电动机工作原理图

直流电动机接通直流电源之后,电刷两端加了一个直流电压,A 刷为正,B 刷为负,换向片 1 与 A 刷相接触,直流电流 I_a 从 A 刷流入,经换向片 1、线圈 abcd、换向片 2 和电刷 B 流出,形成一个回路。利用左手定则,可以判断电枢绕组的 ab 边和 cd 边都受到电磁力 F 的作用,如图 10-8(a)所示,ab 边受到的力向左,cd 边受到的力向右,这一对力对电枢产生电磁力矩,使得电枢沿逆时针方向转动起来。电枢转了 180°之后,ab 边在下,cd 边在上,因为电刷不动,换向片与电枢一起转动,所以此时换向片 1 转到下方与 B 刷相接触,换向片 2 转到上方与 A 刷相接触,电源电流 I_a 从正极性端到 A 刷,经换向片 2、线圈 dcba、换向片 1,从电刷 B 流出,形成一个回路,此时,电枢绕组中的电流已经反向,根据左手定则可以判断,电枢的电磁转矩不变,仍然是逆时针方向,所以转轴旋转方向不变。以上分析表明,电刷和换向器的作用是将电源的直流电及时转换成交流电送给电枢绕组,以保证电枢的电磁转矩方向不变,电动机按一定方向旋转。

▶知识点 4 直流电动机调速系统的认知

在各类机电设备中,直流电动机由于其结构的特殊性使它具有良好的启动、制动和调速性能。现代工业生产中,电动机是主要的驱动设备。目前,在直流电动机拖动系统中已大量采用晶闸管(可控硅)装置向电动机供电的拖动系统,取代了笨重的发电机—电动机的系统,又伴随着电子技术的高度发展,促使直流电动机调速逐步从模拟化向数字化转变,特别是单片机技术的应用,使直流电动机调速技术又进入一个新的阶段,智能化、高可靠性已成为它发展的趋势。直流调速技术已广泛应用于现代工业、航天等各个领域。

1. 直流电动机调速系统发展趋势

从控制的角度来看,直流调速是交流拖动系统的基础。早期传统的直流电动机的控制均以模拟电路为基础,采用运算放大器、非线性集成电路以及少量的数字电路组成,虽然在一定程度上满足了生产要求,但是控制系统的硬件部分非常复杂,功能单一,系统非常不灵活、调试困难。同时,元件容易老化,在使用中易受外界干扰,通用性差,控制效果易受到器件性能、温度等因素的影响,故系统的运行可靠性及准确性得不到保证,甚至出现事故。这阻碍了直流电动机控制技术的发展和应用范围的推广。

目前,直流电动机调速系统数字化已经走向实用化。伴随着电子技术的高度发展,直流电动机调速逐步从模拟化向数字化转变,特别是单片机技术的应用,使直流电动机调速技术又进入一个新的阶段,智能化、高可靠性已成为它发展的趋势。

2. 单片机直流电动机调速系统的特点

随着单片机技术的日新月异,许多控制功能及算法可以采用软件技术来完成,为直流电动机的控制提供了更大的灵活性,并使系统能达到更高的性能。在本项目中,我们采用的就是利用单片机来控制直流电动机的调速。采用单片机构成的控制系统,可以节约人力资源和降低系统成本,从而有效地提高工作效率。

项目实施

本次项目的实施过程，我们将分 5 个步骤进行：

(1)直流电动机调速系统控制方案设计；

(2)直流电动机调速系统硬件电路设计与制作；

(3)直流电动机调速系统软件设计；

(4)直流电动机调速系统硬件和软件联合调试；

(5)编制直流电动机调速系统的设计说明书。

一、直流电动机调速系统控制方案设计

1. 系统控制方案的分析

(1)本项目中的系统控制思想

单片机直流调速系统的核心是通过 PWM 技术的控制思想来实现对直流电动机的平滑调速。以单片机系统为依托，按照 PWM 调速的基本原理，以直流电动机电枢上电压的占空比来改变平均电压的大小，从而控制电动机的转速为依据，实现对直流电动机的平滑调速，并通过单片机控制速度的变化。

(2)本项目直流电动机调速系统主要构成

直流电动机调速系统主要由硬件和软件两大部分组成。

硬件部分是整个系统执行的基础，它主要为软件提供程序运行的平台。本项目采用了专门的芯片 L298N 组成了 PWM 信号的发生系统，然后通过放大来驱动电动机运行。

而软件部分是对硬件端口所体现的信号加以分析、处理，最终实现控制器所要实现的各项功能，达到控制器对电动机速度的有效控制。我们知道直流电动机的转速计算公式为：

$$n = (U - IR)/K\varphi$$

其中，n 为转速，U 为电枢端电压，I 为电枢电流，R 为电枢电路总电阻，K 为电动机结构参数，φ 为每极磁通量。

可以看出，转速 n 和 U、I 有关，并且可控量只有这两个，我们可以通过调节这两个量来改变转速。I 可以通过改变电压进行改变，PWM 控制就是用来调节电压波形的常用方法，这里我们也就是用 PWM 控制来进行电动机转速调节的。通过单片机输出一定频率的方波，方波的占空比大小决定了平均电压的大小，也决定了电动机的转速大小。本系统以单片机为核心，通过单片机控制、C 语言编程实现对直流电动机的平滑调速。

2. 直流电动机调速系统硬件电路设计方案

直流电动机的调速系统包括直流电动机驱动电路的设计和控制按键电路的设计。此系统的硬件设计是基于单片机最小系统基础上的应用。下面分别简要说明这两种电路的设计思路。

(1)直流电动机驱动电路的设计

直流电动机的驱动电路主要利用 L298N 驱动芯片来实现控制信号的放大,从而使电动机能够正常工作,具体芯片引脚的接法可以参考本项目知识点二中 L298N 芯片的使用。

电动机驱动硬件电路如图 10-9 所示。

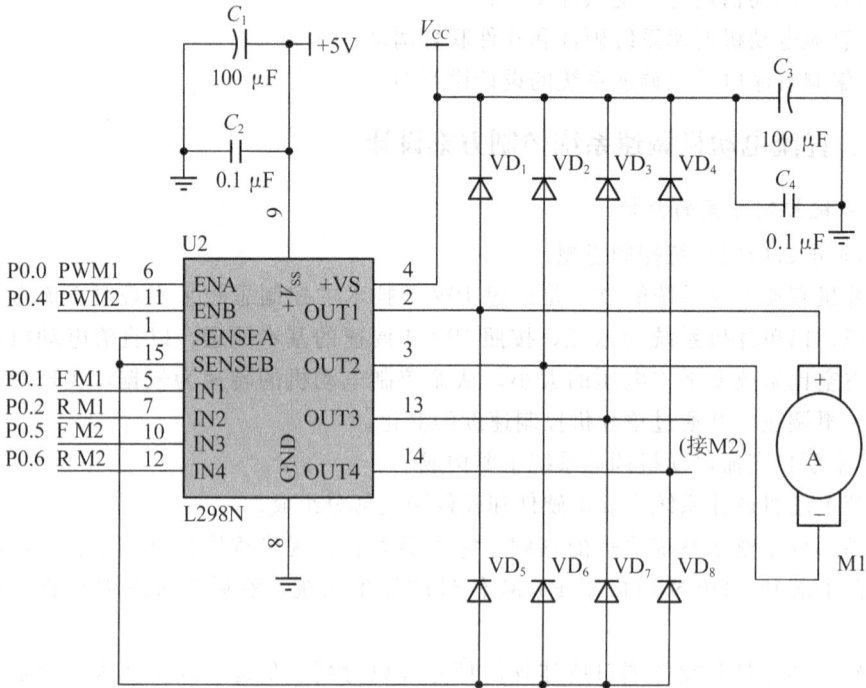

图 10-9 电动机驱动硬件电路图

(2)控制按键电路的设计

本系统是用 PWM 控制来进行电动机转速调节。具体办法是:使用软件控制方法通过单片机输出一定频率的方波,方波的占空比大小决定了平均电压的大小,也决定了电动机的转速大小。所以在硬件电路设计上,我们通过在单片机外围设计两个按钮 S_1、S_2 来分别控制单片机 I/O 口 P3.2 和 P3.3 引脚,从而完成直流电动机增速与减速的控制。

控制按键硬件电路如图 10-10 所示。

当按下 S_1 按钮后,电源+5 V 与 R_1 电阻以及 S_1 按钮组合成为一个电路通路,此时 P3.2 脚相当于输入低电平信号,结合软件控制,使单片机相应输出增速的控制信号发送给驱动电路。

当按下 S_2 按钮后,电源+5 V 与 R_2 电阻以及 S_2 按钮组合成为一个电路通路,此时 P3.3 脚相当于输入低电平信号,结合软件控制,使单片机相应输出减速的控制信号发送给驱动电路。

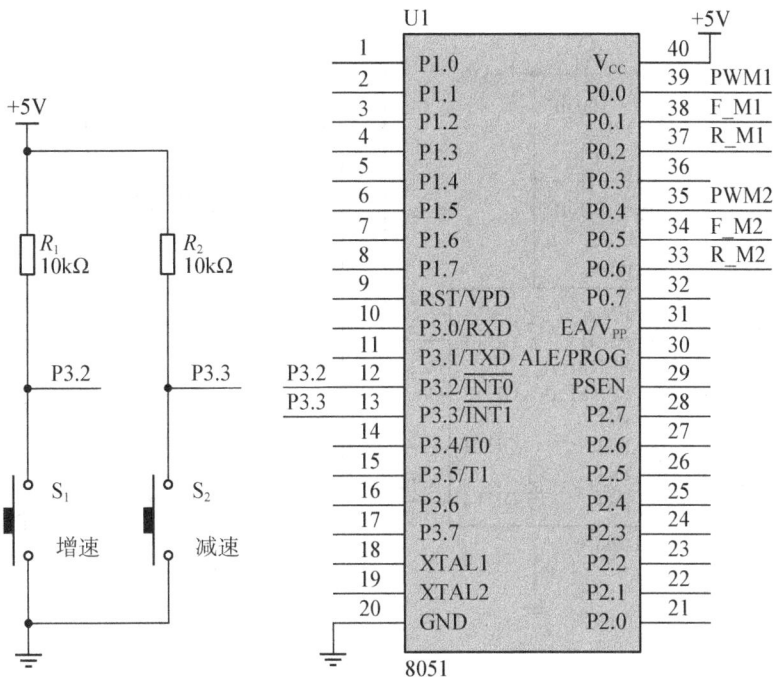

图 10-10　控制按键硬件电路图

当松开 $S_1(S_2)$ 按钮后，电源 +5 V 与 $R_1(R_2)$ 电阻以及 $S_1(S_2)$ 按钮组合的电路断开，此时 P3.2(P3.3)脚相当于输入高电平信号，结合软件控制，单片机此时不会输出相应的增速(减速)控制信号。

图 10-10 所示的功能按钮与 51 单片机的接口电路，属于独立键盘，可以用前面所学有关独立键盘的编程方法设计对应的程序。但本系统将利用 51 单片机的两个外部中断，完成两个功能按钮的设计与编程，中断工作方式极大提高了单片机的工作效率。

当两个功能按钮其中一个按下时，对应的输入电平由高向低跳变，这时外部中断产生中断信号，进入对应的外部中断服务程序，完成按钮对应的增速或减速功能。另外，由于机械按钮有抖动存在，所以进入外部中断服务程序后，首先要设计去抖程序。

二、直流电动机调速系统硬件电路设计与制作

1. 直流电动机调速系统电路原理图设计

直流电动机调速系统整合前面两个电路后(图 10-9、图 10-10)。按照如图 10-11 所示进行硬件电路的设计，也可自行设计或修改。

2. 直流电动机调速系统电路元件清单制作

依据图 10-11 所示电路原理图，设计制作直流电动机调速系统电路模块，列出与其对应的元件清单，如表 10-2 所示。

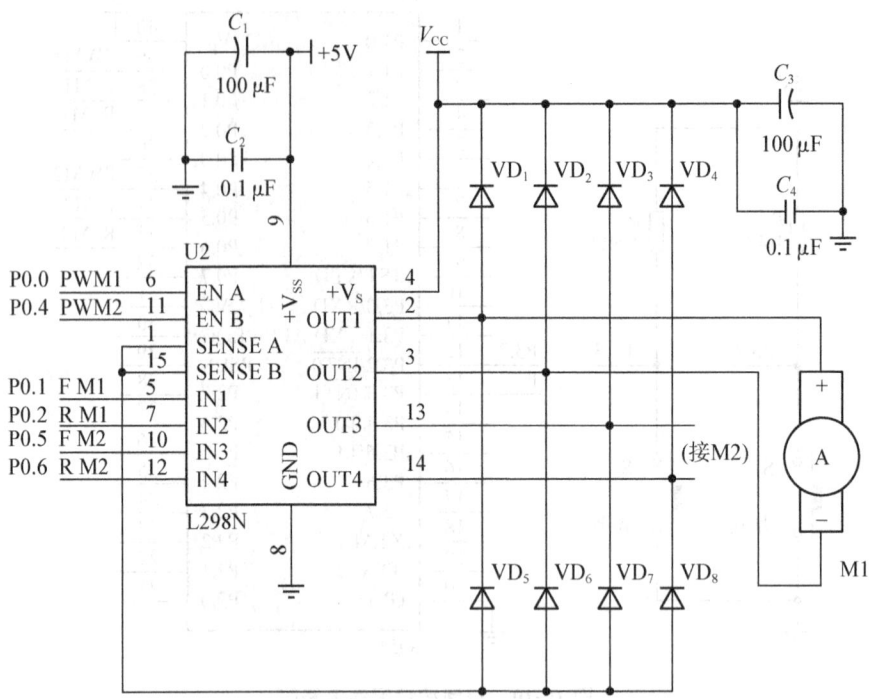

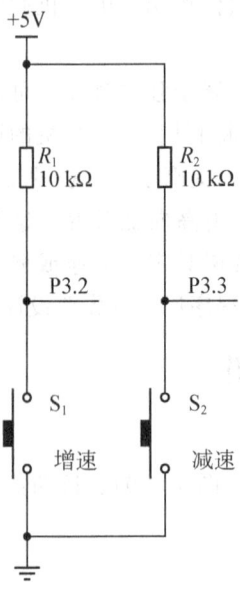

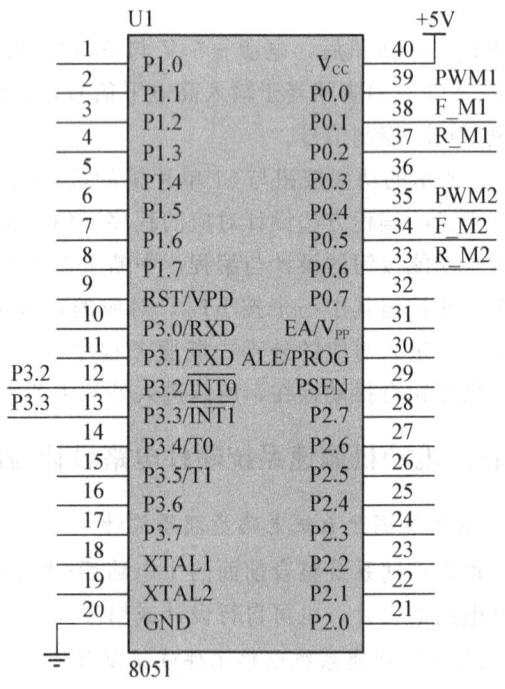

图 10-11　直流电动机调速系统硬件电路图

表 10-2　直流电动机调速系统元件清单

元件	型号	封装(自选)	数量	备注
单片机	STC90C52RC	DIP40	1	自选兼容 8051 的单片机
直流电动机驱动芯片	L298N	DIP15	1	
电容	100 μF		2	
电容	0.1 μF		2	
电阻	10 kΩ		2	
二极管	1N4007		8	
按钮 S1	自选		1	
按钮 S2	自选		1	
万用板	自选		1	

3. 所需工具或器材准备(表 10-3)

表 10-3　制作工具或器材及说明

工具或器材	数量	说明
电烙铁	1 支	
电烙铁架	1 台	
焊锡丝	1 卷	建议 0.5～0.7 mm
万用表	1 台	
松香	1 块	
系统原理图	1 份	采用图 10-11 所示电路原理图(可自设计)
元件清单	1 份	采用表 10-2
元件包	1 袋	按表 10-2 提前采购(可按自己元件清单采购)

4. 元器件识别及检查

(1)正确识别各元器件,特别是驱动芯片 L298N,并做上标记或记录,以防止焊接环节中接错。

(2)检查各元器件是否正常,如有异常立即更换。教师在这个教学环节,提供及时和必要的指导,并可依情况设计适当的教学管理文档,提高本环节的教学质量,为本项目的成功完成做好准备。

5. 组装焊接直流电动机调速系统电路模块

利用准备的工具和器材,制作直流电动机调速系统电路模块。教师在此过程中,应及时发现学生实践操作中的错误,并指导学生正确地按要求完成系统的焊接组装。

6. 测试直流电动机调速系统

测试直流电动机调速系统,是为了检查电路制作是否成功,如果不成功,要查找问题的原因,直至成功为止。教师在此过程中,需要引导学生用正确的方法进行电路的测试,测试方法如下。

（1）如按钮 S_1 按下后，使用万用表测量 P3.2 引脚是否有相应控制信号输入。

（2）通过前面相关知识的学习，学生已经具备了一定的硬件设计和基础编程能力，本项目可以让学生自己动手根据 L298N 驱动芯片的控制方法编写一个简单的 C 语言测试程序，然后用准备好的下载器下载到单片机芯片中，检查电动机是否能正常运转。

另外，如果测试中出现任何问题，要引导学生学会逐步排查问题，进而找到问题症结，最后解决问题。

在完成本项目前，我们需要掌握直流电动机驱动芯片 L298N 驱动编程方法和技巧，及应用编程的方法等知识，为我们完成 L298N 驱动的资源文件和头文件设计与测试任务做好准备。

三、直流电动机调速系统软件设计

1. 驱动芯片 L298N 驱动设计

驱动芯片 L298N，可用来驱动直流电动机，实现直流电动机的调速和旋转方向的控制。L298N 与单片机接口，如图 10-12 所示。

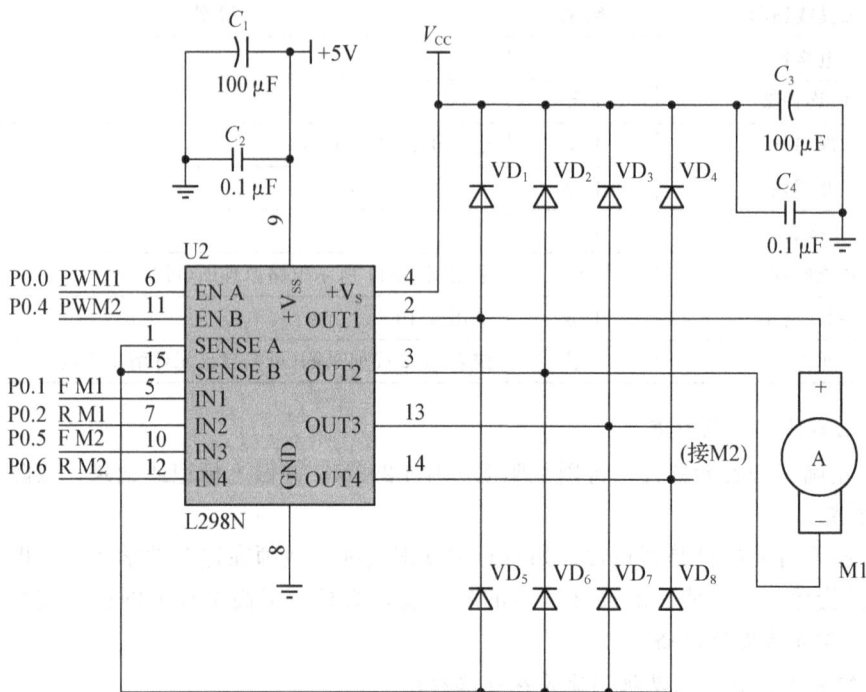

图 10-12　L298N 与 51 单片机接口

图 10-12 中，51 单片机的 P0 端口控制 L298N 驱动直流电动机。P0.0～P0.2 控制直流电动机 M1，P0.0 由单片机输出 PWM 脉冲控制直流电动机 M1 的速度，P0.1 和 P0.2 控制直流电动机 M1 的旋转方向；P0.4～P0.6 控制直流电动机 M2，P0.4 由单片机输出 PWM 脉冲控制直流电动机 M2 的速度，P0.5 和 P0.6 控制直流电动机 M2 的旋转方向。详细控制信息参见表 10-4。

表 10-4　电动机转动状态控制

直流电动机 M1	直流电动机 M2				
IN1(P0.1)	IN2(P0.2)	旋转方向	IN3(P0.5)	IN4(P0.6)	旋转方向
0	0	停止	0	0	停止
0	1	反向	0	1	反向
1	0	正向	1	0	正向
1	1	刹车	1	1	刹车

芯片 L298N 的驱动要实现的基本应用程序编程接口函数有：

(1)直流电动机转动状态控制函数 M1_State(unsigned char state)和 M2_State(unsigned char state)；

(2)直流电动机速度控制函数 M1_Speed(unsigned char speed)和 M2_Speed(unsigned char speed)。

在芯片 L298N 的驱动编程中，我们将用 T0 定时器的中断服务程序，产生两路 PWM 脉冲，以控制两台直流电动机 M1 和 M2 的速度。设计 T0 定时器的中断服务程序流程图，如图 10-13 所示。

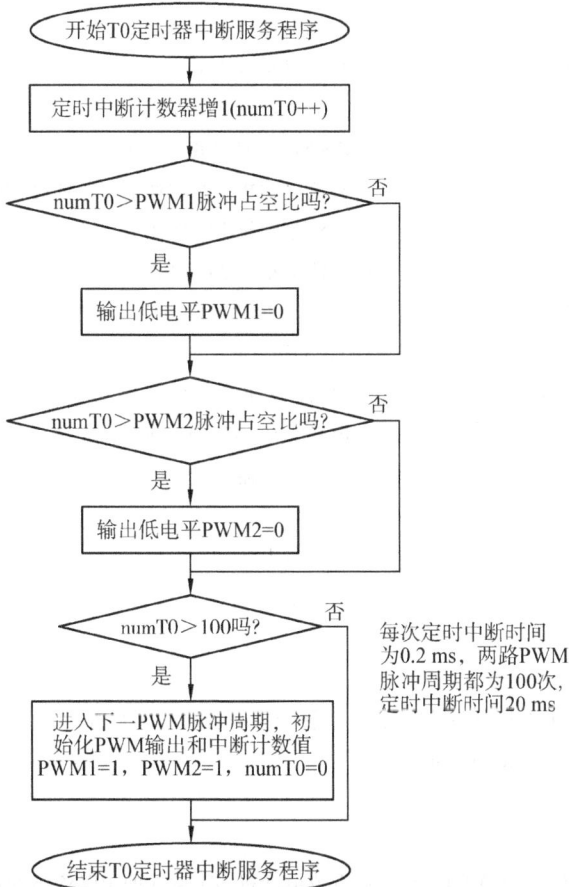

图 10-13　T0 定时器的中断服务程序流程图

按照图 10-13 所示流程图,设计芯片 L298N 的驱动程序,如程序 10-1 所示。

程序 10-1:芯片 L298N 的驱动程序

```
#include <reg51.h>

sbit    PWM1=   P0^0;       // 定义 M1 调速的 PWM 脉冲输出引脚
sbit    F_M1=   P0^1;       // 定义 M1 的正向状态控制引脚
sbit    R_M1=   P0^2;       // 定义 M1 的反向状态控制引脚
sbit    PWM2=   P0^4;       // 定义 M2 调速的 PWM 脉冲输出引脚
sbit    F_M2=   P0^5;       // 定义 M2 的正向状态控制引脚
sbit    R_M2=   P0^6;       // 定义 M2 的反向状态控制引脚
unsigned intnumT0=0;
unsigned char RATIO1,RATIO2;

//init_L298N()函数功能:L298N 驱动初始化函数
void init_L298N(void)
{
    PWM1=1;                 //直流电动机 M1 调速的 PWM 脉冲输出
    F_M1=0;                 //直流电动机 M1 停止
    R_M1=0;                 //直流电动机 M1 停止
    RATIO1=1;               //PWM1 脉冲宽度占空比 1~100
    PWM2=1;                 //直流电动机 M2 调速的 PWM 脉冲输出
    F_M2=0;                 //直流电动机 M2 停止
    R_M2=0;                 //直流电动机 M2 停止
    RATIO2=1;               //PWM2 脉冲宽度占空比 1~100
    TMOD|=0x02;             //T0 工作方式 2
    TH0=0x48;               //FOSC=11059200L 时,200 μs 定时中断
    TL0=0x48;               //FOSC=11059200L 时,200 μs 定时中断
    TR0=1;                  //启动定时器
    PT0=1;                  //高优先级
    ET0=1;                  //开定时中断
    EA=1;                   //开总中断
}

//函数功能:T0 定时器的中断服务程序,产生两路 PWM 脉冲
void int_T0(void) interrupt 1
{
    numT0++;
    if(numT0>=RATIO1)       //直流电动机 M1 调速的 PWM 脉冲占空比控制
```

```
    {
        PWM1=0;
    }
    if(numT0>=RATIO2)      //直流电动机 M2 调速的 PWM 脉冲占空比控制
    {
        PWM2=0;
    }
    if(numT0>=100)         //每 20 ms 执行一次,两路 PWM 脉冲的周期 20 ms、频
                             率 50 Hz
    {
        PWM1=1;
        PWM2=1;
        numT0=0;
    }
}


                        //M1_State()函数功能:直流电动机 M1 的运行状态设置
                        //参数 state:0-停止;1-反向电动;2-正向电动;3-刹车
void M1_State(unsigned char state)
{
    if(state==0)           //直流电动机 M1 停止
    {
        F_M1=0;
        R_M1=0;
    }
    if(state==1)           //直流电动机 M1 反向电动
    {
        F_M1=0;
        R_M1=1;
    }
    if(state==2)           //直流电动机 M1 正向电动
    {
        F_M1=1;
        R_M1=0;
    }
    if(state==3)           //直流电动机 M1 刹车
    {
        F_M1=1;
```

```
        R_M1=1;
    }
}

                          // M2_State()函数功能:直流电动机 M2 运行状态设置
                          //state:0—停止;1—反向电动;2—正向电动;3—刹车
void M2_State(unsigned char state)
{
    if(state==0)              //直流电动机 M2 停止
    {
        F_M1=0;
        R_M1=0;
    }
    if(state==1)              //直流电动机 M2 反向电动
    {
        F_M1=0;
        R_M1=1;
    }
    if(state==2)              //直流电动机 M2 正向电动
    {
        F_M1=1;
        R_M1=0;
    }
    if(state==3)              //直流电动机 M2 刹车
    {
        F_M1=1;
        R_M1=1;
    }
}


                          // M1_Speed()函数功能:直流电动机 M1 运行速度设置
                          //参数 speed:全速度的百分比(1—100)
void M1_Speed(unsigned char speed)
{
    if(speed<1) speed=1;
    if(speed>100) speed=100;
    RATIO1=speed;
}
```

```
// M2_Speed()函数功能:直流电动机 M2 运行速度设置
//参数 speed:全速度的百分比(1—100)
void M2_Speed(unsigned char speed)
{
    if(speed<1) speed=1;
    if(speed>100) speed=100;
    RATIO2=speed;
}
```

2. 直流电动机驱动芯片 L298N 的应用编程

直流电动机驱动芯片 L298N 应用之前,我们需要设计芯片 L298N 的资源文件 L298N.c 和头文件 L298N.h,即 L298N 芯片的驱动编程,然后在此驱动程序的基础上完成 L298N 的应用程序设计。驱动芯片 L298N 的资源文件和头文件的设计是我们将要完成的任务,驱动芯片 L298N 的应用编程,如程序 10-2 所示。

程序 10-2:直流电动机驱动芯片 L298N 的应用编程

```
#include <reg51.h>
#include <uart.h>              //串口驱动
#include <L298N.h>             //L298N 驱动:包含的函数参见程序 10-1
void main(void)
{
    unsigned char state,speed;
    init_uart();              //串口初始化
    ES=0;                     //关闭串口中断
    init_L298N();             //驱动芯片 L298N 初始化
    while(1)
    {
        state=Uart_Getch();
        speed=Uart_Getch();
        M1_State(state);
        M1_Speed(speed);
    }
}
```

驱动芯片 L298N 的应用编程说明:uart.h 是项目 5 中设计的串口中断的头文件,包含串口初始化函数 init_uart()和串口字符接收函数 Uart_Getch();L298N.h 是芯片 L298N 驱动的头文件,包含 L298N 初始化函数 init_L298N()和直流电动机状态控制函数 M1_State()和速度设置函数 M1_Speed(),函数的详细定义参见程序 10-1。

3. L298N 驱动的资源程序文件设计

(1)L298N 驱动的资源程序文件设计

L298N 驱动的资源程序文件设计要求如下。

①L298N 的资源程序文件名为 L298N.c。

②按照本项目"项目实施"中"二、直流电动机调速系统硬件电路设计与制作"已制作完成的直流电动机调速系统的硬件,定义 51 单片机的控制引脚:

```
sbit    PWM1＝P0^0;      // 定义 M1 调速的 PWM 脉冲输出引脚
sbit    F_M1＝P0^1;      // 定义 M1 的正向状态控制引脚
sbit    R_M1＝P0^2;      // 定义 M1 的反向状态控制引脚
sbit    PWM2＝P0^4;      // 定义 M2 调速的 PWM 脉冲输出引脚
sbit    F_M2＝P0^5;      // 定义 M2 的正向状态控制引脚
sbit    R_M2＝P0^6;      // 定义 M2 的反向状态控制引脚
```

③编写直流电动机转动状态控制函数 M1_State(unsigned char state)和 M2_State(unsigned char state)。

④编写直流电动机速度控制函数 M1_Speed(unsigned char speed)和 M2_Speed(unsigned char speed)。

⑤编写直流电动机控制函数 M1_Control(unsigned char state, unsigned char speed)和 M2_Control(unsigned char state, unsigned char speed)。

⑥L298N 的资源程序文件中,其他函数依需要自行设计,且每一行程序应添加必要的注释说明。

(2)L298N 驱动的头文件设计

L298N 驱动的头文件设计要求:按照 L298N 驱动的资源程序文件 L298N.c,设计对应的头文件,文件名为 L298N.h。

(3)L298N 资源文件和头文件的测试与使用

在已制作完成的直流电动机调速系统的硬件的基础上,设计一个应用程序,以测试 L298N 驱动的资源文件和头文件。L298N 的应用程序设计要求:利用 PC 机的串口调试工具,发送直流电动机的运行状态和速度控制命令,控制两台直流电动机的运行。应用程序设计指导:需要用到项目 5 设计完成的串口中断资源文件 uart.c 和头文件 uart.h,具体用法参见对应项目。

4. 功能按钮的编程

在直流电动机调速系统硬件设计中,我们要求给系统设计两个功能按钮 S1 和 S2(P3.2:增速按钮的控制信号输入;P3.3:减速按钮的控制信号输入)。

在项目 5 完成的外部中断的资源文件和头文件的基础上,按照图 10-14 所示流程图,完成两个功能按钮对应的外部中断编程,如程序 10-3 所示。

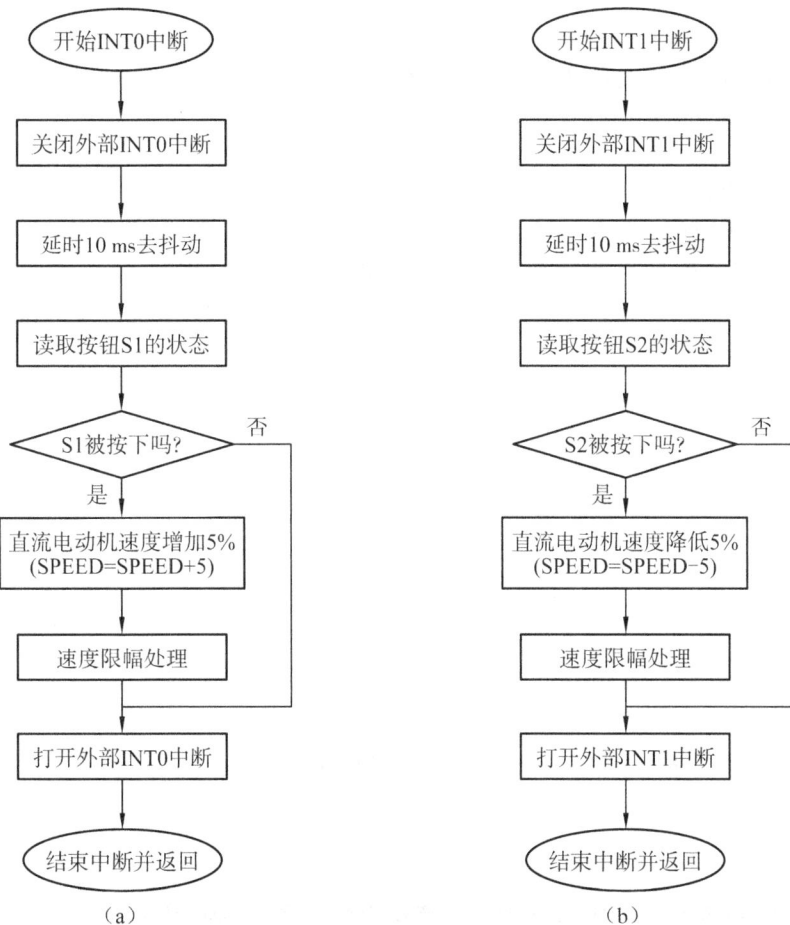

图 10-14　外部中断服务程序流程图

程序 10-3：两个功能按钮对应的外部中断资源文件 INT.c

```c
#include <reg51.h>
sbit    KEY1=  P3^2;          //定义按钮 1 输入引脚
sbit    KEY2=  P3^3;          //定义按钮 2 输入引脚
unsigned char SPEED;          //SPEED 范围 1－100

                              //init_int0()函数功能:外部中断 INT0 的初始化函数
void    init_int0(void)       //外部中断 INT0 的初始化函数
{
    KEY1=1;
    IT0=1;                    //下降沿触发
    PX0=0;                    //低优先级
    EX0=1;                    //允许外部 INT0 中断
    EA=1;                     //开总中断
```

```
}

//init_int1()函数功能:外部中断 INT1 的初始化函数
void    init_int1(void)
{
    KEY2=1;
    IT1=1;                          //下降沿触发
    PX1=0;                          //低优先级
    EX1=1;                          //允许外部 INT1 中断
    EA=1;                           //开总中断
}


//delay_nms()函数功能:n 毫秒延时
void delay_nms(unsigned int n)
{
    unsigned int i;
    n=n+1;
    while(--n)
    {
        i=100;
        while(--i);                 //延时 1 ms
    }
}


//外部中断 0 服务程序功能:每次 S₁ 按键中断时速度 SPEED 增加 10%
void int0(void) interrupt 0         //INT0 中断服务程序,中断号 interrupt 0
{
    EX0=0;                          //关闭外部 INT0 中断
    delay_nms(10);                  //等待 10 ms,去抖动
    if(KEY1==0)                     //判断是否有键按下,按下时低电平
    {
        SPEED=SPEED+10;             //速度增加 10%
        if(SPEED>100)
        {
            SPEED=100;
        }
    }
    EX0=1;                          //允许外部 INT0 中断
}


//外部中断 1 服务程序功能:每次 S₂ 按键中断时速度 SPEED 减少 10%
```

```
void int1(void) interrupt 2          //INT1 中断服务程序,中断号 interrupt 2
{
    EX1=0;                           //关闭外部 INT1 中断
    delay_nms(10);                   //等待 10 ms,去抖动
    if(KEY2==0)                      //判断是否有键按下,按下时低电平
    {
        if(SPEED>10)
        {
            SPEED=SPEED-10;          //速度下降 10%
        }
    }
    EX1=1;                           //允许外部 INT1 中断
}
```

5. 程序开发步骤

(1)建立单片机开发项目

①在桌面上建立一个名为"项目 10"的文件夹,在此文件夹中再建立三个文件夹,名称分别为"include""master"和"source"。

②在"master"文件夹中,建立一个名为"motor"的 51 单片机应用开发项目,并设置正确。

(2)资源文件和头文件设计

①设计两个功能按钮对应的外部中断资源文件 INT.c 和头文件 INT.h。

a)INT.c 源文件如下。

```
#include <reg51.h>
sbit    KEY1=  P3^2;                 //定义按钮 1 输入引脚
sbit    KEY2=  P3^3;                 //定义按钮 2 输入引脚
unsigned char SPEED=1;               //SPEED 范围 1-100
void    init_int0(void)              //外部中断 INT0 的初始化函数
{
    KEY1=1;
    IT0=1;                           //下降沿触发
    PX0=0;                           //低优先级
    EX0=1;                           //允许外部 INT0 中断
    EA=1;                            //开总中断
}
void    init_int1(void)              //外部中断 INT1 的初始化函数
{
    KEY2=1;
    IT1=1;                           //下降沿触发
    PX1=0;                           //低优先级
    EX1=1;                           //允许外部 INT1 中断
```

```
    EA=1;                        //开总中断
}


void delay_nms(unsigned int n)   //延时 n ms
{
    unsigned int i;
    n=n+1;
    while(——n)
    {
        i=100;
        while(——i);              //延时 1 ms
    }
}


void int0(void) interrupt 0      //INT0 中断服务程序,中断号:interrupt 0
{
    EX0=0;                       //关闭外部 INT0 中断
    delay_nms(10);               //等待 10 ms,去抖动
    if(KEY1==0)                  //判断是否有键按下,按下时低电平
    {
        SPEED=SPEED+5;           //速度增加 5%
        if(SPEED>100)
        {
            SPEED=100;
        }
    }
    EX0=1;                       //允许外部 INT0 中断
}
void int1(void) interrupt 2      //INT1 中断服务程序,中断号:interrupt 2
{
    EX1=0;                       //关闭外部 INT1 中断
    delay_nms(10);               //等待 10 ms,去抖动
    if(KEY2==0)                  //判断是否有键按下,按下时低电平
    {
      if(SPEED>5)
      {
          SPEED=SPEED-5;         //速度下降 5%
      }
    }
    EX1=1;                       //允许外部 INT1 中断
}
```

b)INT. h 头文件如下。

```
#ifndef __z_INT_H__
#define __z_INT_H__
/* 在此设计变量与函数声明 */
extern unsigned char SPEED;
extern void    init_int0(void);
extern void    init_int1(void);
#endif
```

②设计资源文件 L298N. c 和头文件 L298N. h。

a)L298N. c 源文件如下。

```
#include <reg51.h>
sbit    PWM1=    P0^0;            // 定义 M1 调速的 PWM 脉冲输出引脚
sbit    F_M1=    P0^1;            // 定义 M1 的正向状态控制引脚
sbit    R_M1=    P0^2;            // 定义 M1 的反向状态控制引脚
sbit    PWM2=    P0^4;            // 定义 M2 调速的 PWM 脉冲输出引脚
sbit    F_M2=    P0^5;            // 定义 M2 的正向状态控制引脚
sbit    R_M2=    P0^6;            // 定义 M2 的反向状态控制引脚
unsigned intnumT0=0;
unsigned char RATIO1,RATIO2;
void init_L298N(void)
{
    PWM1=1;                      //直流电动机 M1 调速的 PWM 脉冲输出
    F_M1=0;                      //直流电动机 M1 停止
    R_M1=0;                      //直流电动机 M1 停止
    RATIO1=1;                    //PWM1 脉冲宽度占空比 1-100
    PWM2=1;                      //直流电动机 M2 调速的 PWM 脉冲输出
    F_M2=0;                      //直流电动机 M2 停止
    R_M2=0;                      //直流电动机 M2 停止
    RATIO2=1;                    //PWM2 脉冲宽度占空比 1-100
    TMOD|=0x02;                  //T0 工作方式 2
    TH0=0x48;                    //FOSC=11059200L 时,200 μs 定时中断
    TL0=0x48;                    //FOSC=11059200L 时,200 μs 定时中断
    TR0=1;                       //启动定时器
    PT0=1;                       //高优先级
    ET0=1;                       //开定时中断
    EA=1;                        //开总中断
}
void int_T0(void) interrupt 1
{
    numT0++;
```

```
    if(numT0>=RATIO1)          //直流电动机 M1 调速的 PWM 脉冲占空比控制
    {
        PWM1=0；
    }

    if(numT0>=RATIO2)          //直流电动机 M2 调速的 PWM 脉冲占空比控制
    {
        PWM2=0；
    }
    if(numT0>=100)             //每 20 ms 执行一次,两路 PWM 脉冲的周期 20 ms、频率
                                 50 Hz
    {
        PWM1=1；
        PWM2=1；
        numT0=0；
    }
}
                                //state:0—停止;1—反向电动;2—正向电动;3—刹车
void M1_State(unsigned char state)
{
    if(state==0)               //直流电动机 M1 停止
    {
        F _ M1=0；
        R _ M1=0；
    }
    if(state==1)               //直流电动机 M1 反向电动
    {
        F _ M1=0；
        R _ M1=1；
    }
    if(state==2)               //直流电动机 M1 正向电动
    {
        F _ M1=1；
        R _ M1=0；
    }
    if(state==3)               //直流电动机 M1 刹车
    {
        F _ M1=1；
        R _ M1=1；
    }
}
```

```
//state：0-停止；1-反向电动；2-正向电动；3-刹车
void M2 _ State(unsigned char state)
{
    if(state==0)               //直流电动机 M2 停止
    {
        F _ M1=0;
        R _ M1=0;
    }
    if(state==1)               //直流电动机 M2 反向电动
    {
        F _ M1=0;
        R _ M1=1;
    }
    if(state==2)               //直流电动机 M2 正向电动
    {
        F _ M1=1;
        R _ M1=0;
    }
    if(state==3)               //直流电动机 M2 刹车
    {
        F _ M1=1;
        R _ M1=1;
    }
}
                               //speed：全速度的百分比(1～100)
void M1 _ Speed(unsigned char speed)
{
    if(speed<1) speed=1;
    if(speed>100) speed=100;
    RATIO1=speed;
}
                               //speed：全速度的百分比(1～100)
void M2 _ Speed(unsigned char speed)
{
    if(speed<1) speed=1;
    if(speed>100) speed=100;
    RATIO2=speed;
}
                               //state：0-停止；1-反向电动；2-正向电动；3-刹车
                               //speed：全速度的百分比(1～100)
void M1 _ Control(unsigned char state，unsigned char speed)
```

```
{
    M1 _ State(state);
    M1 _ Speed(speed);
}
                                    //state：0—停止；1—反向电动；2—正向电动；3—刹车
                                    //speed：全速度的百分比(1～100)
void M2 _ Control(unsigned char state, unsigned char speed)
{
    M2 _ State(state);
    M2 _ Speed(speed);
}
```

b)L298N.h头文件如下。

```
extern void init_L298N(void);//L298N驱动初始化
                                    //state:0—停止;1—反向电动;2—正向电动;3—刹车
                                    //speed:全速度的百分比(1～100)
extern void M1_Control(unsigned char state,unsigned char speed);
                                    //state:0—停止;1—反向电动;2—正向电动;3—刹车
                                    //speed:全速度的百分比(1～100)
extern void M2_Control(unsigned char state,unsigned char speed);
```

③在"include"文件夹中存放头文件，如 L298N. h 和 INT. h。

④在"source"文件夹中存放资源文件，如：L298N. c 和 INT. c。

⑤在"motor"项目中，添加需要用到的存放在"source"文件夹中的资源文件，如：L298N. c 和 INT. c。

(3)直流电动机调速系统的应用程序设计

①在"master"文件夹中，建立一个名为 main. c 的 C 语言程序文件，并添加到"motor"项目中。

②明确直流电动机调速系统应用程序的设计要求：直流电动机正向电动运行，由两个外部按钮调节直流电动机的运行速度，如图 10-14 所示，S_1 按钮每按下一次直流电动机速度增加 5%，S_2 每按下一次直流电动机速度下降 5%。

③按照直流电动机调速系统应用程序的设计要求，编写应用程序文件 main. c。

主程序源程序如下。

```
# include <reg51. h>
# include <L298N. h>
# include <INT. h>                //注释:声明外部变量 SPEED；
void main(void)
{
    init_L298N();                //驱动芯片 L298N 初始化
    init_int0();                 //启动外部中断 INT0
    init_int1();                 //启动外部中断 INT1
```

```
        M1_State(2);
        SPEED=1;
        while(1)
        {
            M1_Speed(SPEED);
        }
    }
```

四、直流电动机调速系统硬件和软件联合调试

进行直流电动机调速系统硬件与软件的联合调试，其目的是发现硬件与软件设计的错误和缺陷，并正确分析原因加以改正，直至达到用户或设计要求的性能。调试过程中，如果出现不正常现象，请分析系统硬件或软件可能存在的问题，并加以解决。

五、编制直流电动机调速系统的设计说明书

编制直流电动机调速系统的设计说明书，是学生工作能力培养的重要环节。设计说明书主要包括：系统硬件设计说明和系统软件设计说明。（可通过学习后引导学生自行归纳编写）

项目测评 ────────────────────────────────────●

项目 10　　直流电动机调速系统测评表						
项目实施内容	评价内容	评价依据	优秀	良好	合格	继续努力
硬件电路设计（30分）	电路原理图仿真设计	能否正常仿真，功能无误				
	单片机开发板 20.514 mm 焊接（可选做）	焊接工艺				
软件设计（50分）	L298 电动机驱动模块	1. 功能完整 2. 语法错误				
	功能按钮模块	1. 功能完整 2. 语法错误				
	主控程序	1. 功能完整 2. 语法错误				
项目调试（20分）	程序正确性	有无语法错误				
	功能完整度	完成功能数				
总评						

思考与练习

1. 请简述 PWM 技术的核心原理。为什么采用 PWM 技术控制直流电动机调速系统？它有什么好处？

2. 你在整个直流电动机调速系统的设计以及调试过程中，碰到了哪些实际问题？又是如何解决的？

附　录

附录1　"单片机原理及应用"课程标准

课程名称：单片机原理及应用

适用专业：电子电气相关专业

1. 前言

1.1 课程定位

本课程是电子电气相关专业的重要专业基础课程，课程的总体目标是让学生掌握单片机的原理及其应用技术。通过本课程的学习，学生能理解 51 单片机的原理及使用方法，并掌握 51 单片机 C 语言编程方法和技巧，初步形成单片机应用系统开发能力，为今后的工作实践打下坚实的基础。

1.2 课程设计

本课程在设计上充分体现理实一体化的教学理念，即：理论与实践内容一体化、知识传授与动手训练场地一体化、理论与实践教师为一人的"一体化"。

本课程的内容，经过社会调研对相关岗位要求的分析，归纳典型工作任务，然后依据典型工作任务对职业核心能力的要求设定学习领域。学习领域的教学内容整合成为多个学习项目，每个项目又分解成多个知识点，每一个学习项目对应一个典型工作过程，由知识点学习、职业素质和职业能力训练这两个主要环节构成，为学生基本知识的学习以及职业素质、职业能力、创新能力的培养开拓了较好的途径。

2. 课程内容和要求

2.1 教学时间安排

90 学时。

2.2 学习目标

(一)知识目标

1. 51 系列单片机的认知；

2. 8051 单片机 I/O 端口的认知；

3. 51 单片机开发环境的认知；

4. 8051 单片机定时器的认知；

5. 8051 单片机串口的认知；

6. 8051 单片机中断系统的认知；

7. LED 显示器的认知；

8. 键盘的认知；

9. 常用 A/D 转换器与温度传感器的认知；

10．PWM 技术与电动机驱动芯片 L298N 的认知。

（二）能力目标

1．完成 51 系列单片机小系统的制作；

2．完成 LED 的驱动电路设计与制作；

3．完成定时中断的程序设计；

4．完成串口中断的程序设计；

5．完成外部中断的程序设计；

6．完成 LED 数码管显示接口电路设计与制作；

7．完成键盘接口设计与制作；

8．完成数字时钟系统的设计与制作；

9．完成温度监测系统的制作；

10．完成直流电动机调速系统的制作。

（三）素质目标

在以实际操作过程为主的项目教学过程中，锻炼学生的团队合作能力、技术交流表达能力；制定工作计划的方法能力；获取新知识、新技能的学习能力；解决实际问题的工作能力。

学时分配				
学习单元	学时分配			
	合计	理论学时	实验(训)	社会实践(周)
单片机最小系统	8	4	4	
彩灯控制系统	10	2	8	
脉冲发生器	6	2	4	
串口彩灯控制系统	6	2	4	
倒计时显示器	8	2	6	
LED 显示牌	10	2	8	
4×4 矩阵键盘	6	2	4	
数字时钟系统	12	2	10	
温度监测系统	12	2	10	
直流电动机调速系统	12	2	10	

2.3 学习组织形式与方法

采用形式多样的课程教学方式。根据课程实践性强、工程应用背景广泛，涉及的知识面宽等特点，将学习分成课前准备和课堂活动两个部分。课前准备是通过相关教材或网络资源查找相应资料，广泛收集项目相关的知识；课堂活动是引导学生学习完成项目必要的基本知识，然后按要求完成项目，并指导学生完成项目实施总结与评价。

主要教学形式与方法：以学生为主体，学生主动思考、独立完成项目；教师实时引导和指导，协助学生形成解决问题的思路和方法。

学业评价

考核类型	考核内容	比例	考核方式
理论考核	单片机原理与应用的基本知识； 单片机接口与驱动电路的基本知识	30%	考试
技能考核	单片机系统设计与制作技能； 51单片机C语言编程技能	40%	考试＋实训
过程考核	学习态度；安全纪律；学习效果	30%	综合评定

注：总分100分，90～100分优秀，75～89分良好，60～74分合格，59分及以下不合格。

3. 学习单元设计

3.1 教学单元(一)：单片机最小系统

学时：8。

学习目标：

(1)认知51系列单片机总体结构与原理；

(2)认知8051单片机引脚及功能；

(3)完成51单片机小系统设计制作。

学习内容：

(1)51单片机的基本知识及应用领域；

(2)51单片机的总体结构与工作原理；

(3)51单片机的存储器结构；

(4)51单片机的启动过程；

(5)8051单片机芯片封装类型；

(6)51系列单片机芯片标号信息；

(7)8051单片机引脚及其功能；

(8)51单片机最小系统电路原理。

教学方法与手段：

引导式、启发式和互动式学习；运用案例分析、分组讨论和实训等教学方法。

3.2 教学单元(二)：彩灯控制系统

学时：10。

学习目标：

(1)认知8051单片机I/O端口；

(2)完成8个LED的驱动电路设计与制作；

(3)完成LED彩灯的控制程序设计。

学习内容：

(1)51系列单片机I/O端口电路结构及特点；

(2)51 单片机 I/O 端口的使用；

(3)常用 LED 驱动电路的设计与制作；

(4)51 单片机 KEIL 开发环境的使用；

(5)51 单片机简单 C 语言程序结构与设计方法；

(6)51 单片机目标程序下载方法。

教学方法与手段：

引导式、启发式和互动式学习；运用案例分析、分组讨论和实训等教学方法。

3.3 教学单元(三)：脉冲发生器

学时：6。

学习目标：

(1)认知 8051 单片机定时器；

(2)完成方波输出程序设计。

学习内容：

(1)51 单片机定时器的原理和工作方式；

(2)定时器的应用编程方法和技巧。

教学方法与手段：

引导式、启发式和互动式学习；运用案例分析、分组讨论和实训等教学方法。

3.4 教学单元(四)：串口彩灯控制系统

学时：6。

学习目标：

(1)认知 8051 单片机串口；

(2)掌握串口数据收发程序设计；

(3)完成串口控制 8 个 LED 的系统设计实现。

学习内容：

(1)串口异步通信的一帧数据格式；

(2)串行口的结构原理；

(3)串口通信编程的方法；

(4)串口控制 8 个 LED 的系统设计实现。

教学方法与手段：

引导式、启发式和互动式学习；运用案例分析、分组讨论和实训等教学方法。

3.5 教学单元(五)：倒计时显示器

学时：8。

学习目标：

(1)认知 8051 单片机中断系统；

(2)完成外部中断的程序设计；

(3)完成定时中断的程序设计；

(4)完成串口中断的程序设计；

（5）完成倒计时显示牌的设计。

学习内容：

（1）8051单片机中断系统的结构和中断控制；

（2）外部中断的程序设计与应用；

（3）定时中断的程序设计与应用；

（4）串口中断的程序设计与应用。

教学方法与手段：

引导式、启发式和互动式学习；运用案例分析、分组讨论和实训等教学方法。

3.6 教学单元（六）：LED显示牌

学时：10。

学习目标：

（1）认知LED显示牌；

（2）完成4位LED显示模块电路设计与制作；

（3）完成LED动态显示的程序设计。

学习内容：

（1）LED数码管动态显示技术；

（2）LED显示模块电路设计与制作；

（3）LED数码管动态显示编程方法和技巧；

（4）LED动态显示的程序设计与应用。

教学方法与手段：

引导式、启发式和互动式学习；运用案例分析、分组讨论和实训等教学方法。

3.7 教学单元（七）：4×4矩阵键盘

学时：6。

学习目标：

（1）认知键盘接口电路；

（2）完成矩阵式键盘硬件设计与制作；

（3）完成矩阵式键盘的资源文件和头文件设计。

学习内容：

（1）矩阵式键盘的工作原理；

（2）设计矩阵式键盘与单片机的硬件接口电路；

（3）编写矩阵式键盘读取与处理程序。

教学方法与手段：

引导式、启发式和互动式学习；运用案例分析、分组讨论和实训等教学方法。

3.8 教学单元（八）：数字时钟系统

学时：12。

学习目标：

（1）认知数字时钟；

(2)数字时钟系统的硬件设计；

(3)数字时钟系统程序设计与调试。

学习内容：

(1)数字时钟的工作原理；

(2)数字时钟硬件接口电路设计；

(3)数字时钟单片机应用系统程序设计。

教学方法与手段：

引导式、启发式和互动式学习；运用案例分析、分组讨论等教学方法。

3.9 教学单元(九)：温度监测系统

学时：12。

学习目标：

(1)认知常用 A/D 转换器与温度传感器；

(2)完成温度测量显示系统的硬件设计与制作；

(3)完成 ADC0831 驱动的程序设计；

(4)完成温度测量显示系统软件设计与调试。

学习内容：

(1)A/D 转换器 ADC0831 的使用；

(2)温度传感器 LM34 的使用；

(3)温度监测系统硬件的设计与制作；

(4)ADC0831 芯片驱动编程和应用编程技术；

(5)ADC0831 的程序设计与测试；

(6)温度监测系统应用软件的设计；

(7)温度监测系统硬件和软件的联合调试。

教学方法与手段：

引导式、启发式和互动式学习；运用案例分析、分组讨论等教学方法。

3.10 教学单元(十)：直流电动机调速系统

学时：12。

学习目标：

(1)认知 PWM 技术与电动机驱动芯片 L298N；

(2)完成直流电动机调速系统的硬件设计与制作；

(3)完成 L298N 驱动的程序设计；

(4)完成直流电动机调速系统软件设计与调试。

学习内容：

(1)PWM 技术在直流电动机调速中的应用；

(2)直流电动机驱动芯片 L298N 的使用方法；

(3)直流电动机调速系统硬件的设计与制作；

(4)L298N 驱动编程和应用编程技术；

(5)L298N 驱动的程序设计与测试;

(6)直流电动机调速系统应用软件的设计;

(7)直流电动机调速系硬件和软件的联合调试。

教学方法与手段:

引导式、启发式和互动式学习;运用案例分析、分组讨论等教学方法。

4. 教学条件

4.1 教师团队及职业背景

课程教师团队共有校内专任教师 7 人(2 名副教授、5 名讲师),教学时间都在 5 年以上,教学经验丰富,全部深入过企业进行过调研和实践学习,多名教师具有双师素质。校外兼职教师 4 人,全部具有 10 年以上一线生产经验。教学团队中研究生及以上学历达到 100%,双师素质教师比例达到 90%,专兼职教师比例达到 2:1,具备良好的职业教学基础与职教素质。

4.2 教学设施

课程配套的校内教学场所主要有电子设计与创新实训室等。

5. 实施建议

5.1 教学建议

(1)本课程的教学要不断摸索适合高职教育特点的教学方式。采取灵活的教学方法,启发、诱导、因材施教,注意给学生更多的思维活动空间,发挥教与学两方面的积极性,提高教学质量和教学水平。在规定的学时内,保证该标准的贯彻实施。

(2)教学过程中,要从高职教育的目标出发,了解学生的基础和情况,结合其实际水平和能力,认真指导。

(3)教学中要结合教学内容的特点,培养学生独立学习的习惯;开动脑筋,努力提高学生的自学能力和创新精神;分析原因,找到解决问题的方法和技巧。

(4)重视学生之间的团结和协作,培养共同解决问题的团队精神。

(5)加强对学生掌握技能的指导,教师要手把手地教,多做示范。

(6)教学中注重行为引导式教学方法的应用。

(7)在规范的前提下,注重对学生所完成模块电路工艺及整体美观方面的引导。

(8)在掌握 51 单片机编程方法的基础上,注重对学生完成程序架构的指导。

(9)任课教师根据学生情况及学校条件,可设计相应难度的主题,以达到教学目的。

5.2 课程资源的开发与利用

(1)根据实际教学资源和设施,教师团队共同编写理实融合一体化教材;

(2)制作电子教案和多媒体课件并上传到网络,为学生及其他职业院校提供学习资料;

(3)利用网络资源,如精品课程网站、网络虚拟实验室提高教学效果和教学质量;

(4)丰富试题库等网络资源,最终形成多元化的网络资源库。

5.3 其他说明

无。

附录2　美国标准信息交换码 ASCII 字符表

低位 \ 高位		0	1	2	3	4	5	6	7
		0000	0001	0010	0011	0100	0101	0110	0111
0	0000	NUL	DLE	SP	0	@	P	、	p
1	0001	SOH	DC1	!	1	A	Q	a	q
2	0010	STX	DC2	"	2	B	R	b	r
3	0011	ETX	DC3	#	3	C	S	c	s
4	0100	EOT	DC4	$	4	D	T	d	t
5	0101	ENQ	NAK	%	5	E	U	e	u
6	0110	ACK	SYN	&	6	F	V	f	v
7	0111	BEL	ETB	,	7	G	W	g	w
8	1000	BS	CAN	(	8	H	X	h	x
9	1001	HT	EM	)	9	I	Y	i	y
A	1010	LF	SUB	*	:	J	Z	j	z
B	1011	VT	ESC	+	;	K	[	k	{
C	1100	FF	FS	,	<	L	\	l	|
D	1101	CR	GS	—	=	M	]	m	}
E	1110	SO	RS	.	>	N	↑	n	~
F	1111	SI	US	/	?	O	↓	o	DEL

表中符号说明如下：

NUL	空	FF	走纸控制
SOH	标题开始	CR	回车
CAN	作废	STX	本文开始
SO	移出符	EM	载终
ETX	本文结束	ETB	信息组传送结束
SI	移入符	SUB	取代
EOT	传输结束	SP	空格
ENQ	询问	DLE	转义符
FS	文字分隔符	ACK	应答
DC1	设备控制 1	GS	组分隔符
DC2	设备控制 2	BEL	报警符
DC4	设备控制 4	BS	退一格
DC3	设备控制 3	US	单元分隔符

HT	横向列表	RS	记录分隔符
DEL	删除	LF	换行
NAK	否定	VT	纵向列表
SYN	同步	ESC	换码

▶附录 3　常用集成芯片引脚图

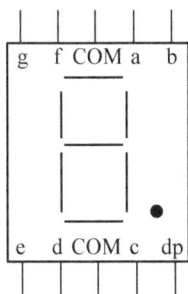

FND500LED 引脚

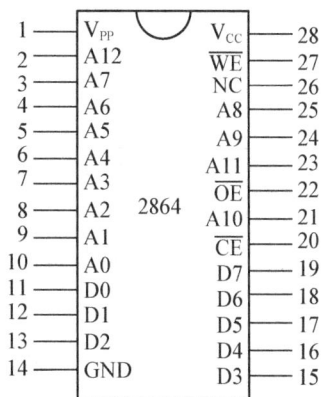

8 KB　闪存 2864

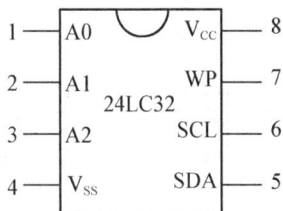

1 KB~16 KB 位串行 EEPROM

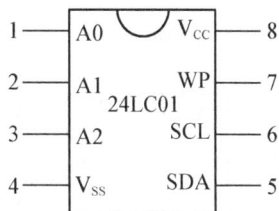

32 KB~64 KB 位串行 EEPROM

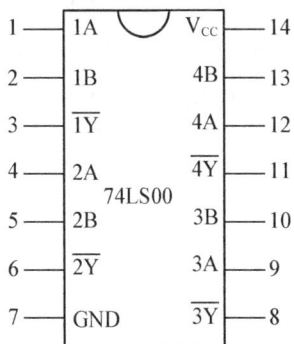

2 输入-4 与非门

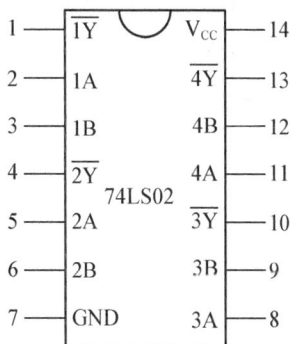

2 输入-4 或非门

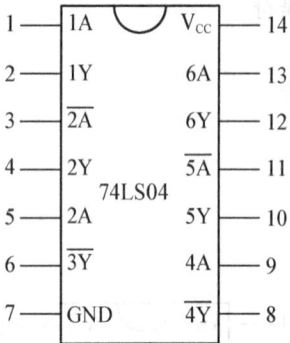

1	1A	V_{cc}	14	
2	1Y	6A	13	
3	$\overline{2A}$	6Y	12	
4	2Y	$\overline{5A}$	11	
5	2A	5Y	10	
6	$\overline{3Y}$	4A	9	
7	GND	$\overline{4Y}$	8	

74LS04

6 反相器

1	1A	V_{cc}	14	
2	1Y	6A	13	
3	2A	6Y	12	
4	2Y	5A	11	
5	3A	5Y	10	
6	3Y	4A	9	
7	GND	4Y	8	

74LS06

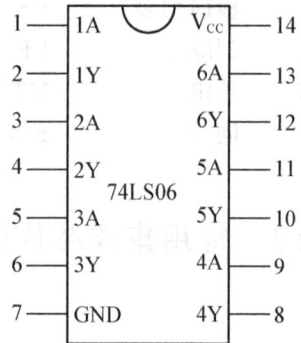

6 反相驱动器（OC 门）

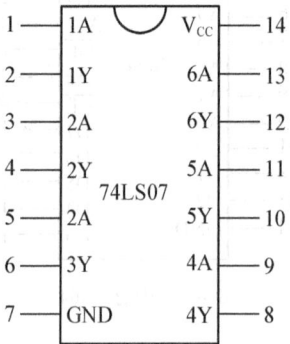

1	1A	V_{cc}	14	
2	1Y	6A	13	
3	2A	6Y	12	
4	2Y	5A	11	
5	2A	5Y	10	
6	3Y	4A	9	
7	GND	4Y	8	

74LS07

6 同相驱动器（OC 门）

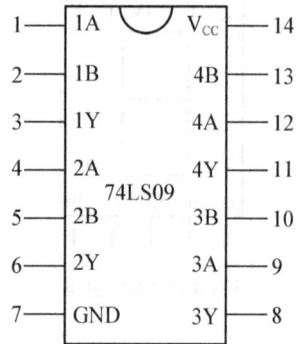

1	1A	V_{cc}	14	
2	1B	4B	13	
3	1Y	4A	12	
4	2A	4Y	11	
5	2B	3B	10	
6	2Y	3A	9	
7	GND	3Y	8	

74LS09

2 输入-4 与门

1	1A	V_{cc}	14	
2	1B	2D	13	
3	NC	2C	12	
4	1C	MC	11	
5	1D	2B	10	
6	1Y	2A	9	
7	GND	2Y	8	

74LS20

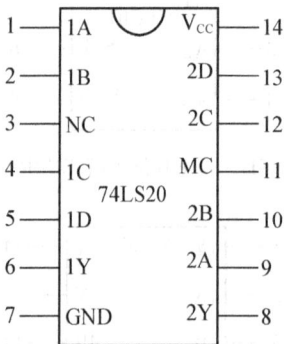

4 输入-2 与非门

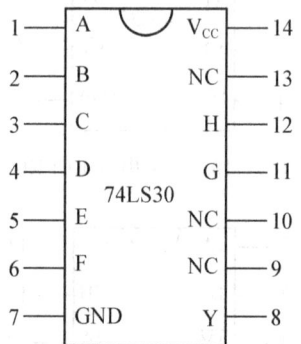

1	A	V_{cc}	14	
2	B	NC	13	
3	C	H	12	
4	D	G	11	
5	E	NC	10	
6	F	NC	9	
7	GND	Y	8	

74LS30

8 输入与非门

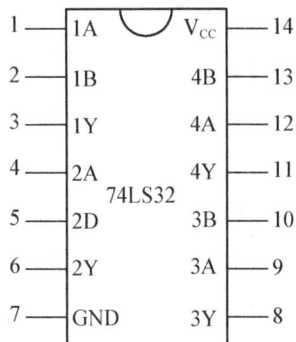

2 输入-4 或门

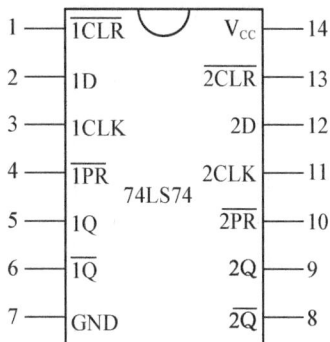

双 D 触发器

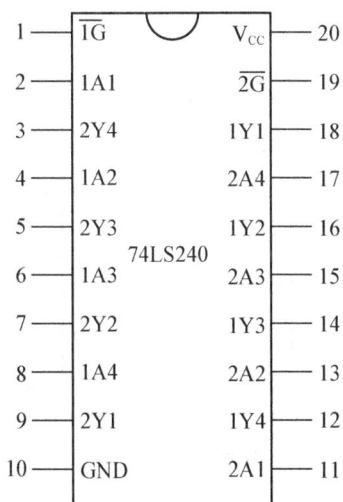

8 反向缓冲器

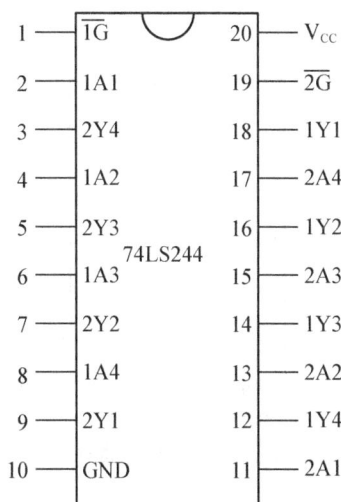

8 缓冲器(三态)

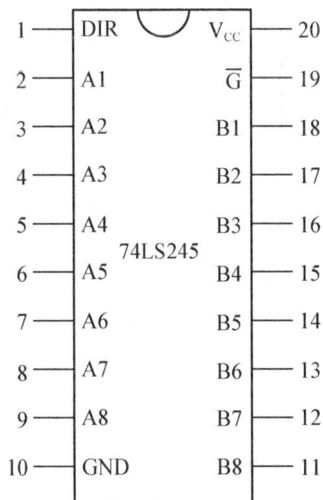

8 位总线传送接收器

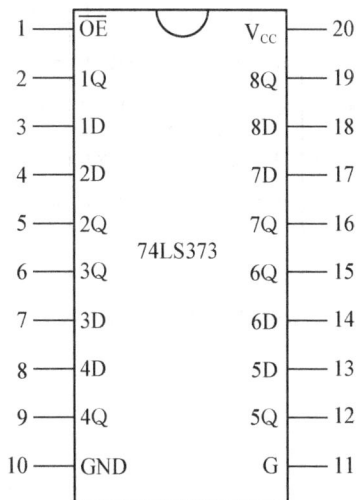

8D 锁存器(三态)

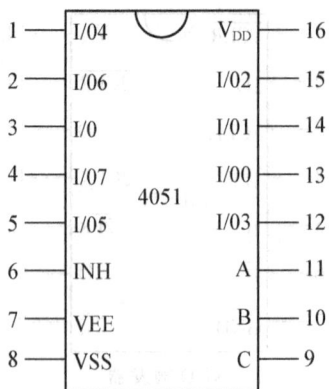

```
1  ┌ I/04      V_DD ┐ 16
2  ┤ I/06      I/02 ├ 15
3  ┤ I/0       I/01 ├ 14
4  ┤ I/07  4051 I/00├ 13
5  ┤ I/05      I/03 ├ 12
6  ┤ INH        A   ├ 11
7  ┤ VEE        B   ├ 10
8  └ VSS        C   ┘ 9
```
8 路模拟开关

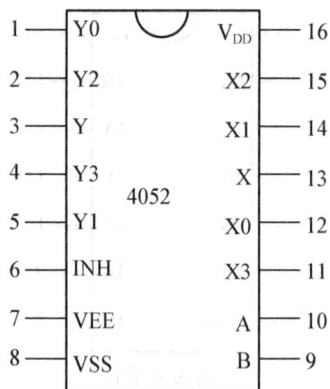

```
1  ┌ Y0        V_DD ┐ 16
2  ┤ Y2        X2   ├ 15
3  ┤ Y         X1   ├ 14
4  ┤ Y3   4052  X   ├ 13
5  ┤ Y1        X0   ├ 12
6  ┤ INH       X3   ├ 11
7  ┤ VEE        A   ├ 10
8  └ VSS        B   ┘ 9
```
双 4 选 1 模拟开关

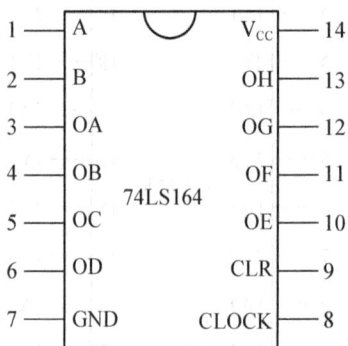

```
1  ┌ A         V_CC ┐ 14
2  ┤ B          OH  ├ 13
3  ┤ OA         OG  ├ 12
4  ┤ OB  74LS164 OF ├ 11
5  ┤ OC         OE  ├ 10
6  ┤ OD        CLR  ├ 9
7  └ GND      CLOCK ┘ 8
```
8 位串入并出移位寄存器

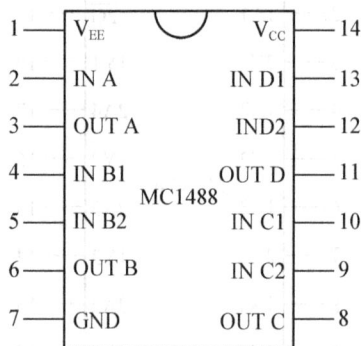

```
1  ┌ V_EE      V_CC ┐ 14
2  ┤ IN A      IN D1├ 13
3  ┤ OUT A     IND2 ├ 12
4  ┤ IN B1 MC1488 OUT D├ 11
5  ┤ IN B2     IN C1├ 10
6  ┤ OUT B     IN C2├ 9
7  └ GND      OUT C ┘ 8
```
TTL-RS232 电平转换器

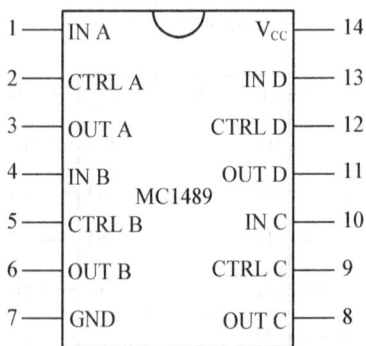

```
1  ┌ IN A      V_CC ┐ 14
2  ┤ CTRL A    IN D ├ 13
3  ┤ OUT A    CTRL D├ 12
4  ┤ IN B  MC1489 OUT D├ 11
5  ┤ CTRL B    IN C ├ 10
6  ┤ OUT B    CTRL C├ 9
7  └ GND      OUT C ┘ 8
```
RS232-TTL 电平转换器

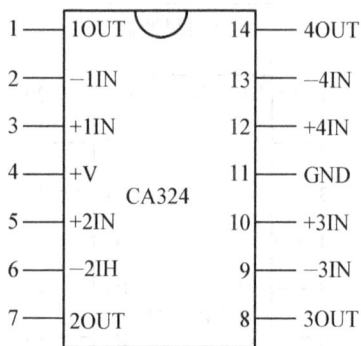

```
1  ┌ 1OUT      4OUT ┐ 14
2  ┤ -1IN      -4IN ├ 13
3  ┤ +1IN      +4IN ├ 12
4  ┤ +V   CA324  GND ├ 11
5  ┤ +2IN      +3IN ├ 10
6  ┤ -2IH      -3IN ├ 9
7  └ 2OUT      3OUT ┘ 8
```
通用 4 运放

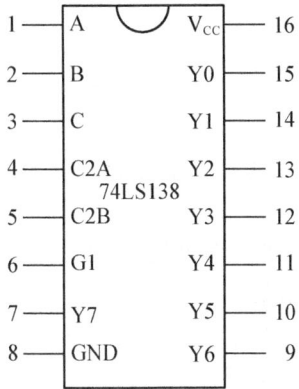

3-8 译码器

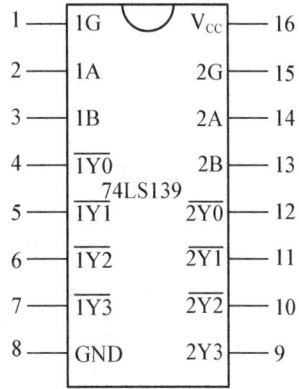

双 2-4 译码器

参考文献

[1] 张俊漠，张迎新．单片机教程习题与解答[M]．北京：北京航空航天大学出版社，2003

[2] 李叶紫．MCS-51 单片机应用教程[M]．北京：清华大学出版社，2004

[3] 吴国经．单片机应用技术[M]．北京：中国电力出版社，2004

[4] 王福瑞．单片微机测控系统设计大全[M]．北京：北京航空航天大学出版社，1998

[5] 张国勋．单片机原理及应用[M]．北京：中国电力出版社，2004

[6] 夏继强．单片机实验与实践教程[M]．北京：北京航空航天大学出版社，2001

[7] 徐淑华．单片微型机原理及应用[M]．哈尔滨：哈尔滨工业大学出版社，1991

[8] 徐惠民，安德宁．单片微型计算机原理、接口及应用[M]．北京：北京邮电大学出版社，2000

[9] 刘守义．单片机应用技术[M]．西安：西安电子科技大学出版社，2002

[10]吴金戌，沈庆阳，郭庭吉．8051 单片机实践与应用[M]．北京：清华大学出版社，2002

[11]何希庆，高伟．MCS-51 单片计算机原理·实验·实例[M]．济南：山东大学出版社，1989

[12]盛琳阳．微型计算机原理[M]．西安：西安电子科技大学出版社，1994

[13]周明德．微型计算机系统原理及应用[M]．第五版．北京：清华大学出版社，2007

[14]孙涵芳，徐爱卿．MCS-51/96 系列单片机原理及应用[M]．北京：北京航空航天大学出版社，1996

[15]李朝青．单片机学习辅导测验及解答讲义[M]．北京：北京航空航天大学出版社，2003

[16]赵晓安．MCS-51 单片机原理及应用[M]．天津：天津大学出版社，2001

[17]张毅刚．MCS-51 单片机应用设计[M]．哈尔滨：哈尔滨工业大学出版社，1990

[18]何立民．单片机高级教程[M]．北京：北京航空航天大学出版社，2000